基于 SHPB 技术的岩石动力学特性研究

周喻 邹世卓 王莉 著

北　京

冶　金　工　业　出　版　社

2023

内 容 提 要

本书从霍普金森压杆试验装置（SHPB）的发展历史和原理出发，基于理论研究、试验研究和数值模拟三个方面，着重介绍了 SHPB 试验手段和后续分析方法。本书配有多个试验和数据模拟案例，涵盖多种脆性岩石并综合运用分析手段，为从事脆性岩石 SHPB 研究的人员提供思路和参考。

本书可供从事 SHPB 试验技术研究的科研人员阅读，也可供隧道工程、土木工程、水利工程、交通工程等相关专业的师生及科研工作者参考。

图书在版编目（CIP）数据

基于 SHPB 技术的岩石动力学特性研究/周喻，邹世卓，王莉著 . —北京：冶金工业出版社，2023.6

ISBN 978-7-5024-9530-5

Ⅰ.①基⋯　Ⅱ.①周⋯　②邹⋯　③王⋯　Ⅲ.①岩石力学性质—研究　Ⅳ.①TU452

中国国家版本馆 CIP 数据核字（2023）第 104899 号

基于 SHPB 技术的岩石动力学特性研究

出版发行	冶金工业出版社	电　话	(010)64027926
地　址	北京市东城区嵩祝院北巷 39 号	邮　编	100009
网　址	www. mip1953. com	电子信箱	service@ mip1953. com

责任编辑　高　娜　美术编辑　彭子赫　版式设计　郑小利
责任校对　梁江凤　责任印制　禹　蕊
北京博海升彩色印刷有限公司印刷
2023 年 6 月第 1 版，2023 年 6 月第 1 次印刷
710mm×1000mm　1/16；11.5 印张；224 千字；175 页
定价 99.00 元

投稿电话　（010）64027932　投稿信箱　tougao@cnmip.com.cn
营销中心电话　（010）64044283
冶金工业出版社天猫旗舰店　yjgycbs.tmall.com
（本书如有印装质量问题，本社营销中心负责退换）

前　　言

本书是围绕霍普金森压杆试验装置（split Hopkinson pressure bar, SHPB）撰写的有关动力学试验研究著作。霍普金森压杆试验装置的原型于 1914 年由 B. Hopkinson 研发，是一种利用弹丸冲击杆件的装置，1949 年 H. Kolsky 在其基础上进行了改进，得到了现有的霍普金森压杆试验装置，因此，也有人将其称为 Kolsky 杆。SHPB 由于其装置简单、操作方便，并可以得到大范围变化的应变率，被广泛应用于不同材料的动态力学性能测试中。本书从 SHPB 的发展历史和原理出发，结合不同材料的动态力学试验和数值模拟，全面介绍了霍普金森压杆试验装置。

本书内容主要分为三个部分，第一部分是 SHPB 试验理论介绍，主要包括 SHPB 试验装置的发展历史和原理、现有部分研究成果、应力波理论和分形理论等。第二部分是 SHPB 试验研究，主要包括层状复合体动力学试验研究、多孔类岩石材料动力学试验研究等。第三部分是 SHPB 试验数值模拟，主要包括数值模拟指南和多孔类岩石材料 SHPB 数值模拟研究等。本书内容简练而又自成体系，着重向读者介绍了 SHPB 试验手段和后续分析方法。同时，为了帮助读者迅速掌握 LS-DYNA 数值分析，书中包含了操作手册，可让读者轻松学会。当读者掌握以上知识之后，即可为解决不同情况下 SHPB 试验的实际问题打下良好基础。

本书除可为从事 SHPB 试验技术研究的科研人员提供有益参考之外，还可供隧道工程、土木工程、水利工程、交通工程等相关专业的高等院校、科研院所以及部分科技工作者参考使用。

　　本书在编写过程中，得到了冯仕文、温建敏、石伟伟、商玉洁的帮助，在此表示感谢。

　　由于作者水平有限，书中难免存在疏漏和不足，敬请读者批评指正，以便使本书得以不断修正和完善。

北京科技大学　**周喻**

2023 年 5 月 1 日

目　　录

第一部分　理论研究

第二部分　　试验研究

第三部分　数值模拟

第一部分

理论研究

1 绪 论

1.1 引 言

随着地下工程的不断进步，人们的研究对象越发趋向于处在复杂环境下。以矿业为例，地下开挖、巷道掘进、凿岩爆破等使岩石处于应力扰动和动态载荷作用下，造成力学性质发生变化，从而影响正常施工工程。因此，针对岩石进行动态力学试验并测得其一系列参数显得尤为重要。相较于静态加载试验，动力学试验作用时间更短，材料瞬时变形大。根据加载应变率 $\dot{\varepsilon}$ 的不同，岩石力学试验主要分为蠕变、静态、准动态、动态和超动态，范围横跨 $10^{-5} \sim 10^4 \mathrm{s}^{-1}$，但其具体的划分范围还存在一定争议，国内外学者对于这三种状态的界定见表 1-1。

表 1-1 动静态加载的应变率界限

划分来源	应变率 $\dot{\varepsilon}/\mathrm{s}^{-1}$				
	蠕变	静态	准动态	动态	超动态
Kumar[1]	$<10^{-6}$	$10^{-6} \sim 10^2$	—	$10^2 \sim 10^3$	—
Olsson[2]	10^{-14}	$<10^{-6}$	$10^{-6} \sim 10^3$	$>10^3$	10^8
Nemat-Nasser[3]	$<10^{-5}$	$10^{-5} \sim 10^{-1}$	$10^{-1} \sim 10^2$	$10^2 \sim 10^4$	$>10^4$
Field[4]	$10^{-8} \sim 10^{-6}$	$10^{-4} \sim 10^0$	—	$10^0 \sim 10^4$	$10^4 \sim 10^8$
Sharpe[5]	$<10^{-6}$	$10^{-6} \sim 10^{-3}$	$10^{-3} \sim 10^2$	$10^2 \sim 10^4$	>10
梁昌玉[6]	—	$<5\times10^{-5}$	$5\times10^{-5} \sim 10^2$	$>10^2$	—
Zhang[7]	$10^{-8} \sim 10^{-5}$	$10^{-5} \sim 10^{-1}$	$10^{-1} \sim 10^1$	$10^1 \sim 10^4$	$10^4 \sim 10^6$
李夕兵[8]	$<10^{-5}$	$10^{-5} \sim 10^{-1}$	$10^{-1} \sim 10^1$	$10^1 \sim 10^3$	$>10^4$
李晓锋[9]	$10^{-7} \sim 10^{-5}$	$10^{-5} \sim 10^{-2}$	$10^{-2} \sim 10^1$	$10^1 \sim 10^3$	$>10^3$
Liu[10]	$<10^{-4}$	$10^{-4} \sim 10^{-2}$	$10^{-2} \sim 10^2$	$>10^2$	—

由表 1-1 中数据可以看出，动态加载试验应变率 $\dot{\varepsilon}$ 主要集中在 $10^1 \sim 10^4 \mathrm{s}^{-1}$，与常规的静态加载试验应变率区别较大，静力学加载与动力学加载的主要区别便是有无惯性力，在惯性力的作用下试样的动态力学强度会强于静态力学强度，也就是应变率增强效应[11]。DIF（动态增长因子）是试样动态抗压强度与静态抗压强度的比值[12]，在工程领域里会使用这一比值来衡量材料的动态力学性能。在某些情况下，为了方便计算与设计，会用静态抗压强度直接乘以经验值（DIF）来确定动态抗压强度的值，不过显然这种方法是不够准确的，在现代科

技发展下已经可以测量出各个应变率范围下的力学性能变化。图 1-1 为针对不同应变率段可以使用的试验装置和方法，并且针对现有测量标准不统一的问题，ISRM 基于 SHPB 在 2011 年提出了三个岩石动力学标准测试方法[13]。

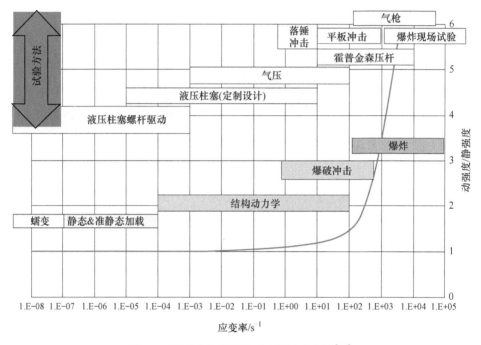

图 1-1　不同应变率情况对应的试验方法[14]

从图 1-1 中可以看出，霍普金森压杆试验装置（SHPB）可以完成横跨 $10^1 \sim 10^4 s^{-1}$ 应变率范围的动态加载试验，满足上文所述的应变率范围。霍普金森压杆试验装置于 1914 由 B. Hopkinson 研发制成[15]，是一种利用弹丸冲击杆件的装置，可以通过测量杆件上应力波的变化来推导试样的变化规律。1949 年 H. Kolsky 在其基础上进行了改进[16]，形成了现在所常见的霍普金森压杆试验装置。它在研发之初主要用于测量金属或橡胶等非金属材料，1968 年 SHPB 首次被 Kumar[1] 应用于岩石动态力学测试，在多次改进之后被人们普遍应用于岩石、混凝土等材料，用于测量其动态力学性能。

霍普金森压杆试验装置可以调节应变率以满足不同的试验需要，在岩爆预测、岩石特性探究、应力扰动研究、动力冲击模拟等方面优势显著，由于其操作简单、结果准确、可重复性高，现已成为一种被普遍认可的研究方法。在土木工程领域，混凝土作为最常用的工程材料，被广泛应用于民事建筑和军事领域。其在应用过程中极易遭受地震、施工、爆破等动力冲击影响，为保障人民生命财产安全，开展针对不同混凝土材料的力学性能探究便越发受到重视，其中霍普金森

压杆作为其主流的一种研究方法,可以满足多种应变率冲击条件。基于此,DIF
变化规律研究、混凝土材料对性能影响研究等方面也逐渐成为混凝土领域研究热
点。对于地质领域,在世界材料供应紧缺的大前提下,深部开采已经越发常见。
深部矿山中存在的高应力、高温、高压等恶劣环境,加上开拓掘进等应力扰动活
动的影响,使矿石赋存条件变得十分复杂。为解决此问题,国内外学者基于
SHPB 试验系统进行了一系列改动,设计出可以模拟动静载条件或极端温度条件
下的装置,对于揭示深部岩体细观机制有着极大推动作用。后文将主要围绕霍普
金森压杆试验装置相关内容展开。

1.2 SHPB 试验装置

1.2.1 SHPB 装置原理

如图 1-2 所示,SHPB 试验装置主体部分由弹头、入射杆、透射杆、阻尼装
置构成,发射腔中的子弹受到高压气体和放置深度的影响,产生一定的速度向前
冲击,经过测速系统后撞击入射杆,所产生的应力波会沿着入射杆传递,应力波
在抵达试样后会发生反射和透射,透射波穿过试样后同理在试样与透射杆交界处
产生反射和透射,最终达到应力平衡。应力波在压杆中的传递过程由粘贴在表面
的应变片捕捉,经过超动态应变仪处理后可以得到入射波、反射波和透射波的应
变时程图。应力波时程图经计算机处理后可以根据需要输出其波形,还可以计算
出入射能、反射能与透射能。SHPB 试验装置原理示意图如图 1-3 所示,应力波
在装置传递过程中需要满足一维应力波假定和均匀性假定两个假定。

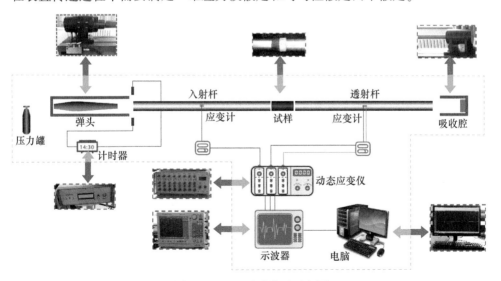

图 1-2 SHPB 试验装置示意图

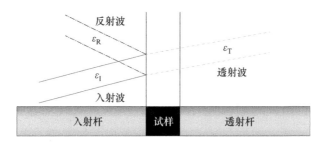

图 1-3 SHPB 试验装置原理示意图

试验常用处理数据的方法为三波法，如式（1-1）~式（1-3）所示。

$$\sigma(t) = \frac{A_e E_e}{2A_s}[\varepsilon_I(t) + \varepsilon_R(t) + \varepsilon_T(t)] \qquad (1\text{-}1)$$

$$\varepsilon(t) = \frac{C_e}{L_s}\int_0^t[\varepsilon_I(t) - \varepsilon_R(t) - \varepsilon_T(t)]dt \qquad (1\text{-}2)$$

$$\dot{\varepsilon}(t) = \frac{C_e}{L_s}[\varepsilon_I(t) - \varepsilon_R(t) - \varepsilon_T(t)] \qquad (1\text{-}3)$$

式中，$\varepsilon_I(t)$、$\varepsilon_R(t)$、$\varepsilon_T(t)$ 分别为入射波、反射波、透射波产生的应变；A_e、E_e 分别为压杆的弹性模量和截面面积；C_e 为应力波在压杆中的传播速度；A_s、L_s 分别为试件的初始截面积和初始长度。

在考虑应力平衡之后我们可以得到式（1-4）：

$$\varepsilon_I(t) + \varepsilon_R(t) = \varepsilon_T(t) \qquad (1\text{-}4)$$

将式（1-4）代入式（1-1）中得到简化的三波法计算公式，即应力、应变、应变率采用下式计算：

$$\sigma(t) = \frac{A_e E_e}{A_s}\varepsilon_T(t) \qquad (1\text{-}5)$$

$$\varepsilon(t) = \frac{-2C_e}{L_s}\int_0^t\varepsilon_R(t)dt \qquad (1\text{-}6)$$

$$\dot{\varepsilon}(t) = \frac{-2C_e}{L_s}\varepsilon_R(t) \qquad (1\text{-}7)$$

式（1-5）~式（1-7）即为二波法，二波法是充分考虑一维应力波假定和均匀性假定得到的[17]。对于小尺寸杆和较硬材料三波法有很好的实用性，不过对于较软材料或者大尺寸 SHPB 试验系统，则会造成一定的误差。在三波法的使用中，最重要的是入射波、反射波和透射波的标定，标定过程会对试验结果产生显著影响，已有验证标定准确性方法中，应力平衡验证法备受广泛认可和使用。应力平衡是指应力波曲线中，当入射波与反射波的叠加波等于透射波，此时便认为试验过程达到了应力平衡。除此之外，Li[18]、Lopatnikov[19]、Wang[20] 等都提出了使用三波法计算时应力波标定的规范方法。现有计算机处理方法已经较为成熟，大部分高校或研究所在处理数据过程中都会使用已经内置处理方法的软件，只需要标定入射波和透射波的起止位置就可以自动生成完整的应力-应变曲线，但此方法准确性仍取决于手工的标记精度。因此，验证应力平衡是开展 SHPB 试验数据处理的必要环节。

1.2.2 SHPB 试验装置的改进

SHPB 试验装置常见的应力波波形为矩形波、三角波、半正弦波、梯形波等。有研究证明矩形波在加载过程中会出现横向的惯性效应，矩形波和三角波会因为压杆直径和长度的变化而发生畸变和产生振荡[21,22]。基于此，Li[23] 于 1993 年首次提出了一种带有锥形结构的冲头，区别于传统的圆柱形冲击弹头，其产生的半正弦型波形会降低应力平台的宽度并大幅降低 P-C 振荡效应。并于 2005 年运用反演设计方法和数值模拟等对其进行了修正，得到了能产生稳定的半正弦波加载的锥形结构冲击弹头，修正前后的弹头模型及其参数如图 1-4 所示。锥形弹头得到的正弦型应力波可以在保证应力平衡的前提下获得稳定的应变率和较好的试验结果，该弹头也得到了 ISRM 的推荐[13]。

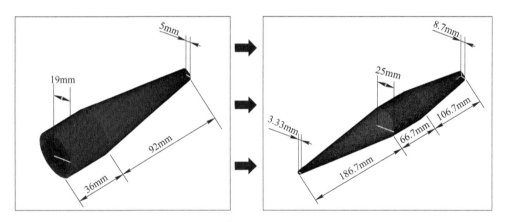

图 1-4 修正前后的锥形弹头

在研究低阻抗材料（如泡沫）在高应变率情况下的表征过程中，必须使用低阻抗杆来代替金属杆，因此出现了例如铝材料制作压杆[24]、黏弹性材料制作压杆[25] 等手段。在此过程中人们发现，当应力波在黏弹性材料中传播时，其波宽和幅值都会发生明显的变化。由于应力波的各个谐波分量在压杆中的波速差别较大，应力波在传递过程中会发生明显的发散和衰减，因此区别于传统 SHPB 试验系统，直接使用距杆端一定距离某处的应力波信号代替杆端的应力波信号，其必须考虑不同频率谐波在压杆中的弥散，充分考虑压杆上信号在频域中的特征，进而才可以推导出杆端的信号，这种方法又被称为频谱分析法。众多学者通过数值模拟和试验验证的结果表明，黏弹性杆用于表征低阻抗材料力学性能的压杆时，具有很大的优越性，其已经拥有了很深的理论和试验基础。

应力平衡是 SHPB 试验装置进行数据处理的基础，但针对普通的 SHPB 试验装置，由于试样应力平衡并不是一个瞬时的过程，所以其得到的应力应变曲线的前一段并不准确。研究表明，SHPB 试验过程中，当材料的破坏应变大于 1% 时，其试验数据才是准确的。而诸多脆性材料，例如岩石、陶瓷、混凝土等在应变小于 1% 时便会破坏[26]，这就使人们无法观察到真实的动态力学性能。还有许多材料例如多孔介质和黏性材料，其物理性质决定了其不易达到应力平衡[27]。针对这些问题，人们在进行 SHPB 试验的过程中会使用脉冲整形技术。脉冲整形技术的主要手段是，在输入杆与弹头接触的撞击段粘贴一片由低强度材料制成的薄片，又称整形器，如图 1-5 所示。其作用是使入射应力波的上升段变得平缓，这样可以使应力更加均匀，不过也有其缺陷所在，即不利于提高试件的应变率[28]。

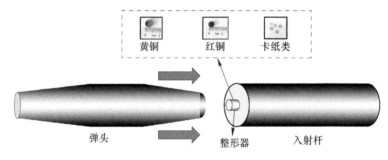

图 1-5　脉冲整形器

整形器的材质主要有铜[29]、橡胶[30]、不锈钢[31]、黄铜[32,33] 等，使用整形器是一种简单高效的脉冲整形技术，在修饰应力曲线的同时可以获得较准确的动态力学性能表征。不过在应用中需要根据压杆、试样对其进行动态调整，从而保证精准性。在没有整形器的情况下，脆性材料的动态加载过程可能很难实现应力平衡状态，因为在入射波刚刚传递到岩石样品时，岩石就已经从入射端端面破坏了。在表征岩石动态力学性能试验中，常用铜制成的整形器使加载波形更加平缓，不仅如此，试验中还可以再放置一片橡胶材料在整形器上进一步减少上升段的斜率。

1.2.3　影响 SHPB 试验的因素

SHPB 试验系统中共有三个接触面：弹头-入射杆接触面、入射杆-试样接触面和试样-透射杆接触面。接触面间的不平行度和摩擦效应会造成试验精度的降低和误差的出现，试样尺寸的选取也会影响试验精度。

SHPB 获得准确试验数据的前提是：在达到应力平衡之前试样未发生脆性破坏。端面不平行的存在会造成试样内部应力分布不均，导致试样早于应力平衡前发生脆性破坏，这对试验数据的准确性会造成极大影响。端面不平行主要源自两个部分，SHPB 试验装置的系统误差和试样制作过程中的加工误差。对于现有工业化 SHPB 试验装置而言，系统误差基本可以忽略不计。因此，为了确保 SHPB 试验的精度，必须对试样的不平行度展开规范，现有部分学者提出的试样不平行度规范建议见表 1-2。

表 1-2 试样不平行度规范建议

建议来源	建议试样不平行度
Yuan[34]	端面不平行度控制在 0.1%左右
Kariem[35]	压杆直线度为每 305mm 长度为 0.08mm；直径公差为 ±0.025mm；端面垂直度为 90°±0.003°
ISRM[13]	SHPB 试验的试样不平行度：端面不平整度误差不超过 0.02mm，距离试件轴线的垂直距离不得超过 0.001°或 0.025mm； 静态试验的试样不平行度：试样两端面不平行度误差不超过 0.05mm，端面不平整度误差不超过 0.02mm
Yuan[36]	最大端面不平行度可控制在 0.2%内
Gray[37]	试样不平行度误差应小于 0.01mm

一维应力波假设对于 SHPB 试验至关重要，因此 ISRM 针对 SHPB 试验的不平行度标准高于静态压缩试验，这就要求学者进行研究时，应该按照国际标准严格执行，尽力避免误差，将试验标准化，事实上现有大部分试验也正是基于 ISRM 的标准进行的。

在有关摩擦效应影响的研究中，Davies[38] 率先讨论了 SHPB 试验中的摩擦校正，Bertholf[39] 则在 SHPB 试验加载中，创新性地使用聚四氟乙烯条粘在压力棒上，以减少摩擦。Klepaczko[40] 于 1979 年首次系统地阐述了 SHPB 试验系统中的摩擦效应，不过他的研究结果和 Gorham 等[41,42] 的类似，主要关注点在于惯性效应的影响，还掺杂了长径比等的影响作用。由格里菲斯强度理论可知，摩擦力的存在势必会使边界处试样的应力强度发生变化，从而造成试样内部应力分布不均匀，这会直接影响试样动态力学性能测量的准确性，这一结果与文献［40，41］所体现出的一致，许多文献都证明摩擦效应会对试验数据产生不利影响[43]。现有消除摩擦效应的方法主要是在试样与压杆之间使用润滑剂，常用的润滑剂有黄油[44]、二硫化钼[43]、油脂[45]、凡士林[46]等。在实际应用方面，液体润滑剂和固体润滑剂在不同的情况下都有很优秀的表现，针对不同的加载条件可以根据需要选取不同类型的润滑剂，比如在极端温度下可以使用不易被外在环境影响物理性质的润滑剂，在低应变率冲击的情况下可以选取不易被挤压的固体润滑剂，而正常岩石的动力学加载试验便可以采用黄油、凡士林等性价比高的润滑剂。不过仍需注意的是，在有润滑剂存在的情况下，固定试样必须施加一个预置围压，预置围压对于试验准确性会有影响。并且如果润滑剂的厚度过大，会造成应力波传递过程中的振荡，因此在试验过程中也要严格把控润滑剂的用量。

尺寸效应是混凝土相关研讨会上的一个重要命题，研究指出准脆性材料的尺寸效应是一个固有特征[47]。不过这些研究大多都停留在静载方面，因为动态载荷下尺寸效应会和应变率相互耦合，使得更难以表征规律。Hong[48]为解决这一问题，将试样直径与压杆直径相匹配，并使用可以得到半正弦应力波的锥形冲头以获得恒应变率，最终控制子弹长度与试样成比例，可以保证获得相同的加载条件，表1-3展示了一些学者对于试样长径比的建议。其中 ISRM 所建议试样的长径比是被采用最多的，它建议用于 SHPB 试验的样品，小样品的长径比应为1∶1，大样品的长径比为0.5∶1。对于传统的 SHPB 试验，长径比的影响主要体现在轴向惯性效应，试样长径比越大，轴向惯性效应越大，相对径向惯性效应越小，反之亦然。如果在测试中使用脉冲整形器帮助达到应力平衡，从而使应力梯度消失，这样应力波在传播过程中引起的惯性效应会达到最小。此外，在交界面都使用润滑剂润滑，减少边界摩擦的作用时，长径比对测试结果的影响会几乎消失。所以对于长径比的要求只是作为一个参考，如果在考虑并避免误差的情况下，长径比并不会对试验结果造成太大影响，而 ISRM 之所以对大小样品提出不一样要求的重要原因是加工过程中的技术难度。

表 1-3　动力加载试验最佳长径比

建议来源	试验对象	建议长径比
Davies[49]	金属和聚合物	$\sqrt{3}/2$
Gray[37]	—	0.5~1
ISRM[13]	—	1∶1 或 0.5∶1
Wang[45]	混凝土	2
Khan[50]	聚碳酸酯	0.5~1.5
梁书锋[51]	花岗岩	0.8
李地元[52]	花岗岩	0.5~1.2

1.3 SHPB 试验研究成果

1.3.1 传统脆性材料压缩试验

大部分岩石及混凝土都是脆性材料，其特征就是破坏应变很小，通常为千分之几，其内部应力状态比较复杂，在加载阶段会表现出各向异性和非均匀性，并且反映出较强的加载路径依赖性、压剪耦合效应、应变率增强效应、尺度效应和复杂的耦合效应[53]。在 SHPB 试验中脆性材料的力学特性和破碎规律都会产生类似的表征，力学特性上，随着冲击应变率的增加，试样的抗压强度和弹性模量会展现出应变率增强效应；破碎规律上，随着冲击应变率的增加，试样会破碎得更为剧烈。

1.3.1.1 含缺陷岩石

地质演化和岩石形成过程中会产生许多缺陷，这些缺陷的存在对于岩体的稳定性有不利影响，混凝土在制作过程中也会因为气泡、开裂等产生缺陷，这些都有可能对安全性造成很大威胁。缺陷主要分为裂隙、孔隙、断层和节理等。在以往关于静态压缩的研究居多，不过在大自然中例如地震、爆炸、掘进等行为造成的动态载荷也十分常见。动态载荷下岩石会展现出应变率增强效应，这与静态加载区别较大，因此存在缺陷的岩石试样在动态加载和静态加载下也有可能表现出不同的开裂行为，表 1-4 列举了一些学者利用 SHPB 试验装置对于含缺陷岩石的研究进展。

表 1-4 针对含缺陷岩石的研究

来源	缺陷类型	岩石种类	试样形状	长宽比
Zou[54]	含单个裂隙	大理石	棱柱	2:1
Li[55]	含单个裂隙	大理石	棱柱	1:1
Li[56]	含双裂隙	大理石	棱柱	1:1
Jiang[57]	含多裂隙	石膏打印	圆柱	2:1
Yan[58]	含多裂隙	砂岩	棱柱	1:1
Li[59]	含圆孔洞	大理石	棱柱	5:3
Tan[60]	含矩形孔洞	大理石	棱柱	1:1

Zou[54] 借助大理石完成了单裂隙下的动态、准静态试验，发现相同条件下动态抗压强度远大于准静态抗压强度，作者把单裂隙大理石开裂过程分为白斑的萌生和宏观裂隙的发展两个阶段。准静态压缩会形成对角裂纹导致破坏，而动态下则是全部呈 "X" 型裂纹导致破坏。这一结果也表现在含双裂缝的试样上[56]，

不同的是 Li[56] 将裂缝合并分为九种类型，如图 1-6 所示。并且试样剪切裂纹往往会出现得更早，这点与拉伸裂纹主导的静态试验不同，针对这一点 Yan[61] 基于 DEM 观察了含缺陷试样的开裂行为，发现这一结论只在高应变率下成立，低应变率下还是以拉伸裂纹为主，在能量方面则发现人工缺陷的存在会影响能量的吸收效果，并且还与双裂隙的夹角有关。在缺陷的作用下，试样受压后内部更容易出现应力不均匀的情况，因此其破裂得也更快。不过研究表明，含裂隙的试样往往能吸收更多的能量用于自身破碎，这对爆破、掘进等生产工作具有指导意义。

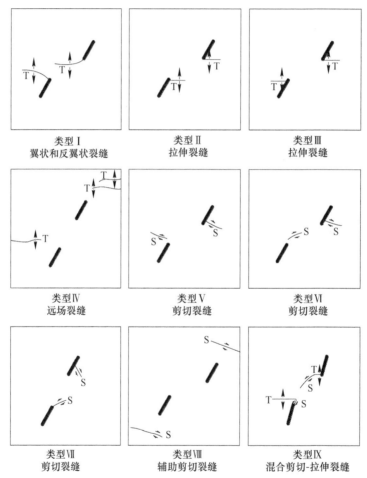

图 1-6　含双裂隙试样的各种典型裂纹类型[56]

值得注意的是，正如表 1-4 第四列所展示的，用于研究的含缺陷岩石一般为棱柱，这是因为棱柱岩石可以更好地观察裂纹演变和孕育过程，并且相比于传统 SHPB 试验所用的圆柱形试样缺陷也更好加工。Li[62] 通过对圆柱和棱柱的大理石试样开展了试验和模拟，证明了形状的改变并没有对试样动态响应和破坏模式有太大影响，只是在棱角处会有一定的应力集中现象。针对表1-4中第五列所展示的，现有很多不同意见，Li[55]在文章中写到，ISRM建议的试样长径比小试件和大试件分别为1：1和0.5：1，而例如Zou等[54]学者并未按此建议开展试验，所以会造成应力不平衡，导致结果不准确，但并未给出分析和原因。

由于岩石材料内部性质的特殊性和地层演化过程中的复杂性，大自然中的岩样多呈含缺陷或层理接触的特殊构造。静力学和动力学针对此类岩石研究不断进行，不仅是对此类岩石理论的补充，也可以用于指导生产实践。不过SHPB试验装置是否适用于此类岩石的研究依旧存疑，含缺陷岩石本身已不满足均匀性假定，虽然借助手段可以保证应力平衡，但得到的数据未必正确，因此就针对SHPB试验装置本身原理而言，并不是用于含缺陷岩石研究的最佳装置。

1.3.1.2　混凝土

混凝土在现代社会中应用面广泛，被大量应用于基础设施建设。这导致了人们针对各种混凝土的研究增加，其中超高性能混凝土（UHPC）是目前利用SHPB试验装置研究较多的混凝土种类[63~65]。UHPC由于其具有优异的性能，被广泛应用于民用和军事建筑当中，钢纤维和骨料等添加因素会较大幅度影响UHPC的强度，现有的研究都是有关于DIF、能量耗散、本构模型和失效模式等。钢纤维的掺入，会让UHPC的强度大幅增加，它可以限制试样的变形，从而提高抗冲击性。Zhang[66]研究得出，UHPC的动态抗压强度会随着钢纤维体积增加而增大，不过这样也会使加工难度大幅增大。图1-7展示了具有不同体积分数钢纤维的UHPC峰值强度，其中"SF""LSF""SSF""HSF"分别代表钢纤维、长钢纤维、短钢纤维和钩状纤维[67]。不难看出，当钢纤维体积分数过大后，其材料会出现不均匀、空隙过大等问题，间接造成强度降低，因此强度和钢纤维体积分数并不是纯粹的正相关。Wu[68]对混合纤维的影响展开试验，发现1.5%长钢纤维混合0.5%短钢纤维具有最佳的力学性能，微裂隙首先会从没有钢纤维的薄弱区开始孕育，这时短纤维的作用可以防止其进一步延伸，在短纤维被拉出后长纤维会在防止破裂上发挥关键作用。Huang[69]发现钢纤维的排布垂直于加载方向会展现出最好的动态性能。在静态条件下，UHPC的失效模式是由于钢纤维脱离，而在动态作用下，钢纤维主要是被折断。由此可以发现钢纤维的存在会改善混凝土的动态抗压性能，这对于实际应用方面来说是很有价值的，其性能的改进可以保证在军事领域的应用前景。但其内部损伤破坏的研究十分复杂，需要对混凝土、钢纤维、骨料等分别建模，并且由于其分布的无序性和参数的难以确定性，并不能完全做到反映实际的细观损伤机制。

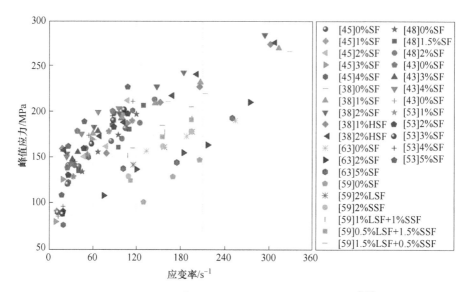

图 1-7 具有不同体积分数钢纤维的 UHPC 峰值强度[67]

除了 UHPC 之外，泡沫混凝土[70]、活性粉末混凝土（RPC）[71~73]、超高性能纤维增强混凝土（UHPFRC）[74,75] 等混凝土在动态载荷下都展现了优异的力学性能，这些高强度材料在防爆防护、建筑工程、军事拦截等领域都有极好的应用。其中，图 1-8 为 RPC 中纤维种类和纤维用量对抗压强度 DIF 的影响[71]，关于 UHPFRC 的综述也可以在文献［64］中看到。基于混凝土的特征，一般采用大直径 SHPB 试验装置，所以在进行混凝土相关的试验时，降低误差的手段必不可少，并且在进行轻质混凝土的相关研究中，因为其波阻抗小，所以更适合采用黏弹性压杆完成加载。

在混凝土领域中，SHPB 试验装置更多应用于性能检验和观察规律，随着现代社会的进步，对于混凝土的性能要求越来越高，并且其所处环境往往比较复杂，因此对于这方面的研究应该不仅仅局限于混凝土本身。例如，在高湿度环境下或在高压环境下混凝土的力学性能都是需要关注的方面。这就需要学者们对 SHPB 试验装置进行改进，以获得满足要求的加载装置。同时，还应在试验精度方面开展深入的研究，克服大直径 SHPB 试验装置的弊端，获得更加真实有效的试验数据。

1.3.1.3 含水或含气岩石

岩石内部包含大量孔隙裂隙等，是多相复合的天然介质，所以含气或含水岩石在岩石工程实践中分布广泛。一般来说含水或含气岩石会对岩体的物理、化学、力学性质造成显著影响，以煤为例，已有研究表明，非饱和状态下的含水煤强度高于干燥煤或饱和煤，其强度增强的效果与含水率和孔隙度有关[76]，水以

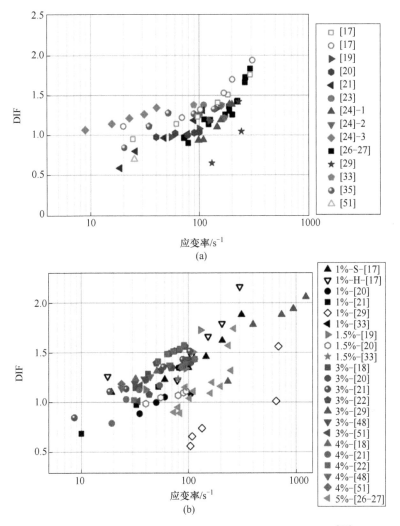

图 1-8　RPC 中不同钢纤维添加量下 DIF 与应变率的关系[71]

（a）SFRPC2（RPC 中钢纤维含量为 2%）；（b）RPC 中纤维含量为 1%、1.5%、3% ~ 5%

自由形态存在于煤的孔隙中，保持煤的水 - 固耦合状态，这一特点可用于煤层注水来提高软煤层巷道的强度。在理论研究方面，孔隙度对试样强度的影响可以转化为颗粒间黏聚力的影响，Gu[77] 通过讨论粒子间液桥力揭示孔隙度对软煤的影响，可以得出含水率对颗粒间黏结力的影响机制，当含水率升高导致液桥体积增大时，颗粒间黏结力逐渐增大，当液桥力达到一定体积时，颗粒间的黏结力达到峰值，然后会逐渐减小。其宏观表征为，随着含水率的增加，试样的强度先增大后减小。这一规律与文献［78，79］相一致，也有学者研究了浸泡时间对试样的影响作用，不过这与比较含水量的影响差别不大，含水量对试样破坏形态的影响也与应变率增强效应相同。含水量对岩石的影响作用大部分研究都是基于煤岩，少部分基于砂岩，这是因为煤岩内部孔隙的影响导致更易吸附水分，而地层内部丰富的赋存水会严重影响煤层强度，从而出现冒顶、片帮、突水等地下事故，而合适的含水量则会起到稳固巷道的作用，这对指导矿山安全有一定参考作用。值得注意的是，预防突水已经是岩石工程安全里的一个重要分支，基于学者们针对含水岩石的深入了解，已经涌现出了包括瞬态电磁法（TEM）、探地雷达（GPR）、多电机诱导极化（IP）、预先钻孔等多种预测方法。

由于煤特殊的自身物理特性以及赋存条件，在其内部孔隙可能会存在甲烷等气体，并影响其力学性质。区别于传统的多孔介质，气体会以吸附态混合游离态存在于煤中，并以气-固相形式耦合，影响煤的透气性、冲击倾向性和其他物理性质，并且在深部开采过程中如果出现瓦斯浓度持续增加，这是明显的岩爆预警信号。Kong[80,81] 研制了专门用于加载含气煤岩的 SHPB 试验装置，如图 1-9 所示，其拥有良好的密闭性，也可以调整瓦斯的注入量以控制气体造成的压力。与静态加载不同的是，静态加载下含气煤岩的动态破裂持续时间会随气压呈指数增长，而动态加载下由于冲击速度大，含气煤岩的应力-应变曲线呈"阶跃"状态，但作者并未对这一现象进行解释。不过煤样品受动载荷、气体吸附作用、气压共同作用下所造成的损伤并不是这些损伤的简单总和，Zhang[82] 提出了协同损伤效应的概念，即比较煤样品在三种条件共同作用下的 σ_{c-r}（残余抗压强度）与单独依次承受三种条件的煤样品，发现煤样品在三种条件共同作用下的 σ_{c-r} 要更小，这一现象证明煤受动载荷、气体吸附作用、气压共同耦合作用对样品产生了额外的损伤，这与文献［83］保持一致，这在岩土工程中十分危险，需要采取一定的措施避免。

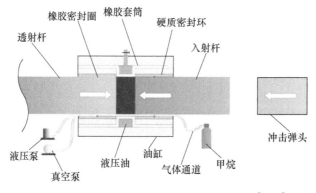

图 1-9　用于加载含气煤岩的 SHPB 试验装置[80,81]

含气煤岩与含水煤岩在一定程度上有所相似，液态水/气体会充当孔隙中的充填物，在即将破碎时给予缓冲，不过同时其也是危险的，涌水、瓦斯泄漏等都会造成重大安全事故。数据表明，在中国发生的 8669 起煤与瓦斯突出事故中有 8362 起（96.4%）是由爆破、钻孔和掘进等动力扰动作业诱发的，而突水事故更是占据了所有隧道施工事故的 45%[84]。因此针对此方面的研究是十分必要的，不过现有的理论仍然存在不足，比如气体或水分对于不同试样而言其增强强度的临界含量是多少，以及实际工程中的腐蚀问题，这些需要通过改进试验方法与装置以达到条件完成试验，这仍是一个很漫长的过程。

1.3.2 特殊加载条件下的脆性材料压缩试验

1.3.2.1 三轴围压

脆性材料许多具有非均质、各向异性的特点，复杂应力下的力学特性会发生显著变化[85]，而岩土工程中的岩石或混凝土类材料多处于多向的复杂应力，因此学者们纷纷开展了在二维或三维下的 SHPB 装置研发，以用于复杂冲击载荷下的动力学冲击试验研究。施加在 SHPB 试验中试样的围压可分为三种：（1）对试样施加刚性无位移约束的被动围压；（2）对试样施加可收缩的刚性被动围压；（3）对试样施加可调节轴压的主动围压。SHPB 三轴围压试验装置的研发历程见表 1-5。

表 1-5　SHPB 三轴围压试验装置的研发历程

来源	围压类型	压力来源	围压极限
Christensen[86]	1 类围压	钢容器约束	35MPa
Kawakita[87]	1 类围压	钢容器约束	100MPa
Gong[88]	1 类围压	铝套管约束	45MPa
Bailly[89]	1 类围压	黄铜套管约束	300~500MPa
Zhai[90]	1 类围压	钢套管约束	335MPa
Chen[91]	2 类围压	可收缩钢套管约束	230MPa
Forquin[92]	2 类围压	环氧树脂/钢套管约束	600~900MPa
Rome[93]	2 类围压	聚四氟乙烯/铝套管约束	500MPa
Gary[94]	3 类围压	油压/气压	50MPa/10MPa
Li[95]	3 类围压	液压	200MPa
Shi[96]	3 类围压	液压	50MPa
Guo[97]	3 类围压	液压	40MPa
Ma[98]	3 类围压	气压	2MPa
Li[99]	3 类围压	液压	25MPa
Cadoni[100]	3 类围压	六个液压杆	—
Li[101]	3 类围压	六个液压杆	3000kN
Liu[102]	3 类围压	六个液压杆	100MPa

　　为了模拟岩石或混凝土在工程中的真实受力状态，学者们在改造 SHPB 试验装置方面进行了许多努力。起初人们使用刚性模具来限制试样的径向变形，从而达到径向加压的效果。这种方式的缺陷是很明显的：首先无法调控径压的大小，这便无法量化径压与应力应变状态的关系；其次由于需要提前制作模具，价格高昂的同时可能会出现配合不充分的情况，并且如文献 [88] 中遇到的模具内部不够光滑或试样不够光滑而导致无法达到施加初始围压的效果。这时候便出现了如文献 [91，92] 所示的，使用环氧树脂或聚四氯乙烯充填模具与试样的间隙来达到施加初始围压的效果，由于其特殊的物理性质，轴压系统可承受的径向压力要远大于传统的纯模具，其缺点在于如果接触不紧密时会出现漏液等现象，并且试验过程复杂烦琐。人们基于 1、2 类围压装置对混凝土等开展了一系列试验，发现轴压对于试样的强度增强是十分显著的，即可以抑制试样的破坏。在破坏方面，由于轴压的存在，试样从无约束下的粉碎破坏，变成了局部破坏，不过由于模具的遮挡，不能观察到具体的细观破碎机制。以上 1、2 类两种围压施加方式虽然可以一定程度模拟约束效果，但由于其围压不可调控性、试验过程烦琐，所以具有很大的缺陷。为解决上述问题，以 Li[95] 为首的学者们利用液压或者气压，完成了如图 1-10 所示的动-静耦合一维 SHPB 试验系统，中南大学这套系统的特点是既可以施加轴向的预置静载荷也可以施加径向的围压，从而做到动-静耦合，再通过冲击弹头造成动载，从而更加接近真实工程。传统 SHPB 试验需要遵循一维应力波假设，虽然改进后的系统会承受径向或轴向静压，但在安装正确的情况下，样品的波动方程与经典一维波动方程一致。Yin[103] 基于此系统开展研究发现，当固定轴向静压和径向围压时，随着冲击载荷的增加，岩石的应力-应变曲线会从典型的 Ⅱ 类曲线变为典型的 Ⅰ 类曲线，证明动-静耦合系统对试样有一定程度的增强效应。而破碎形态方面随着冲击能量的增大，试样由拉胀破坏与拉剪破坏联合破坏转变为纯拉胀破坏。后续基于此系统也开展了含气煤岩[83]、含空腔岩石[104]、含裂隙岩石[58]、混凝土[105] 等一系列试验，发现动-静耦合作用下，破坏机理会发生显著变化，不仅会造成强度的增加，也会促使破坏形态

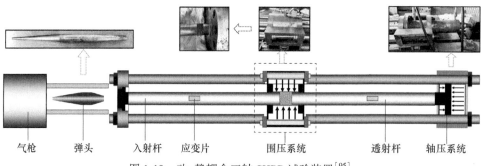

气枪　　弹头　　入射杆　　应变片　　围压系统　　　透射杆　　轴压系统

图 1-10　动-静耦合三轴 SHPB 试验装置[95]

的转变。但上述研究内容，试样内部自身存在缺陷，所以在围压的作用下，缺陷会受到影响而继续延伸，不会出现完整试验中持续增加强度的现象。该动-静耦合系统既可以完成轴向与径向围压的施加，还可以进行动力冲击试验，为岩石动力学研究提供了一种新思路，不过这不能算完整意义上的三轴围压 SHPB 系统，基于此以 Liu[102] 为代表的学者便设计出了真三轴 SHPB 试验系统，如图 1-11 所示。

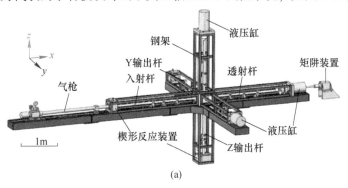

(a)

(b)

图 1-11　三轴霍普金森压杆示意图[102]
（a）模型示意图；（b）实物图

为了使试件达到真正的三轴应力状态，学者们进行了许多努力，Hummeltenberg[106] 于 2012 年首次提出用两个正交的 SHPB 组同时撞击试件，但由于难以同步，最终未能成功。后续 Cadoni[100] 利用五个方形杆和一个圆柱杆构成冲击杆，在输出端末端添加了液压驱动器以获得静压，并通过混凝土材料证明了这一系统的正确性。这套系统被 Li[101]、Liu[102]、Cui[107]、Xu[108] 等的改造，形成了如图 1-11 所示的现有真三轴 SHPB 试验装置。由于其压杆的特殊设计，试样只能选取为正方体试样，不过通过获得六个轴的动态数据，不仅可以了解材料的应力-应变曲线，还可以得到材料损坏时的应力状态。试验现象表示，在真三轴 SHPB 试验系统的作用下，试样会出现宏观无明显损伤而内部损伤严重的情况，这对揭示深部岩体破坏规律提供了理论依据。此系统的优点在于，六个轴可以分开工作，从而获得单轴、双轴和三轴围压限制。Li[101] 通过在压杆内部使用高速成像技术和 X 射线计算机断层扫描技术，实现了动态可视化试样的细观和宏观的变形和破裂过程，试验发现，试样的强度会随着单轴、双轴到三轴的约束力的增加而增加，并且破坏形态方面，单轴压缩态冲击下试样粉碎成粉末，双轴压缩动态冲击下岩石会出现从自由面喷出的情况，三轴则是外部无破损内部损坏严重。真三轴 SHPB 试验设备目前还处于研发阶段，但对于探究深部动力学其无疑是最强有力的方法，例如 Cui[107,109] 在文章中提到的，混凝土的动态本构方程采用传统的一维冲击结果验证是不够严谨的，混凝土的应用环境决定了其承受三轴约束，因此只有进行三轴压缩试验才能得到更准确的本构方程。

值得注意的是，在混凝土领域，纤维增强聚合物（FRP）封闭是目前十分流行的被动限制方法[110,111]，其原理和被动围压法类似，在混凝土周围裹上聚合物以增强混凝土的强度、刚度和延展性。目前常见的 FRP 有四种类型，分别是：碳纤维增强聚合物（CFRP）、玻璃纤维增强聚合物（GFRP）、芳纶纤维增强聚合物（AFRP）和玄武岩纤维增强聚合物（BFRP）[112~114]，FRP 也是常用于制作超高强度混凝土的材料之一。Yang[115,116] 对 AFRP 约束混凝土开展了一系列试验，混凝土分别被 1 层、2 层和 3 层 AFRP 包裹，发现 AFRP 对材料的强度有很大改善，也增大了材料的能量吸收能力，不过叠加层数对于强度的增幅较小。Xiong[112] 利用大直径 SHPB 试验装置对 CFRP 约束混凝土开展的试验表明，无论应变速率如何改变，强度随层数的增加幅度大致相同，这与上述 Yang 研究的 AFRP 不同，证明不同材料对于混凝土强度的影响作用是不相同的。基于 SHPB 试验装置研究约束混凝土处于刚刚起步阶段，以前更多则是基于落锤试验等展开，不过随着大直径 SHPB 试验装置等的研发，SHPB 已经可以成熟应用于约束混凝土研究。

1.3.2.2　特殊加载环境

温度是影响岩石物理力学特性的重要因素，也是岩土工程中不得不考虑的外在干扰，因此明确温度作用下岩石基本的物理力学性质具有实际的参考意义。已有大量研究表明，温度不仅会对岩石的电阻率、弹性波波速、热传导特性等物理性质造成影响，而且对岩石的弹性模量、峰值应力和泊松比等力学性能参数也会产生显著影响。随着矿山深度的不断下潜，温度对岩石的影响已经到了不容忽视的地步，此外寒冷地区地质勘探和研究过程中，低温也在不断改变着岩石的力学特性，因此开展针对极端温度下岩石的动力学行为探究便成为一个重要研究方向。

在试验方面，早在 20 世纪 60 年代，就有学者借助 SHPB 试验装置开展了高温环境下材料的动态力学性能研究[117]，随后便有学者针对 SHPB 高温技术进行了讨论[118]。现有常见测量高温下岩石动态力学性能方法主要有两类，第一类是局部加热法：此方法也可细分为两种手段，第一种是将试样加热后放入试验装置开展试验[43]，虽然不用考虑端部弹性杆受温度影响造成物理性质发生变化，但试样在达到预期温度后必须在短时间内完成试验，这给设置试验增加了难度；第二种是在试样两端放置不传热材料制成的隔离块，在试验中对隔离块和试样进行单独加热即可[119]，这种方法主要的技术便是选取合适的隔离块材料。第二类是把部分压杆和试样放入高温炉同时加热[120]，由于温度对弹性杆的影响，应变片测得的应力波信号与实际的应力波信号会有所偏差，因此必须考虑温度梯度对数据结果的影响。不过受到测量技术的限制，现有针对高温下岩石动态力学性能研究主要局限于热处理后的状态。针对上述的两类测量高温下岩石的动力学试验手段，现有用于消除温度对弹性杆影响的方法有两种，第一种是在 SHPB 试验装置上设计一个新的高温动态测试系统，Frantz[121] 设计的自动机械装置可以在加载前的若干毫秒内推动压杆，使其与试件接触完成加载过程，Nemat-Nasser[122] 与其类似，在试样达到相应温度时进而再控制压杆加载。第二种是试件和弹性杆同时加热，在数据处理时通过方法进行修正[123]，Yin[124] 利用如图 1-12 所示的加热系统完成了 600℃下的动态拉伸试验，并且通过控制应变片的距离，使应变片始终保持室温，接着对应变片得到的数据进行处理后便可以获得动态加载过程的真实数据，这种方法可以既保留传统的 SHPB 试验装置，也可以保证试验数据的有效性。还有学者为了获得理想数据，会采取数值模拟的方式对高温环境下SHPB 动力学试验过程展开研究，并且获得了极为不错的结果[125]。

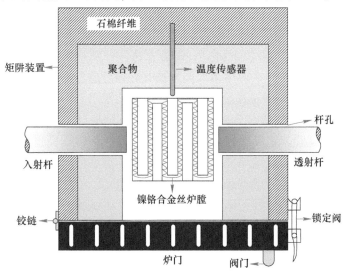

图 1-12　SHPB 试验装置配备的高温加热炉[124]

Liu[126,127] 使用 SHPB 试验装置开展了 25 ~ 1000℃下大理岩的动态压缩试验。发现 400℃是大理岩的阈值，400℃之前，相同冲击速度下的峰值应力和峰值应变随温度的变化不大，400℃之后，相同冲击速度下峰值应力逐渐减小，峰值应变逐渐增加，弹性模量呈线性减小。破坏模式方面，大理岩整体随着温度的升高，岩石在相同冲击速度下的动态破坏形式越发剧烈，作者针对这一现象的解释是由于矿物成分的转变和矿物颗粒的变化。这一普遍规律也体现在砂岩[128~130]等岩石上，即存在一个阈值温度，在高于阈值温度后，随着温度的升高，岩石的强度会逐渐降低、破碎模式也会更加剧烈；并且，从现有研究结论可以发现，大部分岩石的阈值都集中在 400℃左右[126,128,131]。温度效应对岩石细观机制的影响主要借助的研究手段有 CT 扫描技术[132]、扫描电镜技术（SEM）[131]、声发射技术[133] 等。人们发现温度主要是通过改变岩石的细观晶体状态和裂隙演化规律从而影响宏观的破裂机制，比如高温情况下岩石内部的化合物成分会发生分解导致力学特性退化，更高温度下晶体状态会急剧变差直至彻底失去承载能力，并且由于内部矿物组分热膨胀系数的差异，高温情况下矿物颗粒之间产生热应力，造成岩石中产生新裂纹，导致原有裂纹扩展、贯通直至试样力学性能不断恶化。不过在温度不是很高时，内部矿物组分的热膨胀也会导致一部分裂隙的闭合从而改善内部接触关系。综合上述因素，便是岩石在宏观力学性能上展现出规律的主要原因。

受到地球自转的影响，常年、季节性和瞬时冻寒区约占陆地总面积的一半，在这些地方开展工程和开采就必须考虑特殊的地质条件。人们早期的研究多集中在冻土上，因此在开展冻岩相关研究时也会延续这套理论和方法。不过两种材料在结构特征上存在着明显差异，其在外部受力作用下展现的力学特征截然不同，因此现有关于冻岩的单独研究越来越多[134]。与高温环境下加载类似，使用 SHPB 试验系统开展寒冷环境下研究有两类方法，分别是局部处理法和压杆与样品同时处理法，同样地，在使用第二类方法时必须考虑温度梯度的影响作用。

美国 Sandia 实验室率先开始使用 SHPB 试验装置研究冻岩[135,136]，其使用如图 1-13 所示的 SHPB 试验装置对 Alaska 的多年冻结粉砂土展开了冲击，该装置是在传统 SHPB 试验装置周围施加低温系统，不过它会将压杆也包裹进去，对结果会产生不利影响。研究结果发现冻岩具有明显的温度依赖性，并引入了横观各向同性本构模型预测冻岩的动态应力应变关系。Ma[98,137,138] 使用了类似的试验装置对冻岩开展了有围压和无围压情况下的动力冲击试验，发现冻岩的峰值应力会随着应变率、围压的增大和冻结温度的降低而增大，体现出极强的应变率依赖、温度敏感和围压敏感。可以发现，冻岩的相关研究从借助原有岩石理论开展研究，逐渐转变为从复合材料的角度开展研究，比如 Tohgo[139,140] 把冻岩看做颗粒增强复合材料，结合 Eshelby 等效夹杂理论和 Mori-Tanaka 均匀化理论，提出了增量损伤破坏迫性，以此来考虑基体的塑性性质与颗粒脱黏情况。

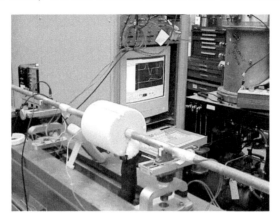

图 1-13　用于寒冷环境的 SHPB 试验系统

不过在借助 SHPB 试验系统完成寒冷环境下的岩石动态力学性能探究，会遇到与高温环境下类似的问题，比如温度梯度效应的影响、试验数据准确性的考虑等，并且由于技术的受限性，并不能得到很低温度下岩石的力学性能变化，这样会导致得到的本构模型或者客观规律只能运用于低温环境而不能用于超低温环境，因此也有不少研究是利用数值模拟软件完成的[141]，但是利用 LS-DYNA 等软件开展试验时，如何确定不同温度下岩石的力学参数便是一个很大的问题。因此，如果想要在寒冷环境下的动力学方面取得更大进展，针对装置的改进是一个很重要的方面。

1.4　讨　论

霍普金森压杆试验装置的原型于 1914 年由 B. Hopkinson 研发，是一种利用弹丸冲击杆件的装置，1949 年 H. Kolsky 在其基础上进行了改进，得到了现有的霍普金森压杆试验装置。因此，也有人将其称为 Kolsky 杆，SHPB 由于其装置简单、操作方便，并可以得到大范围变化的应变率，因此被广泛应用于不同材料的动态力学性能测试中。SHPB 试验过程中，应力波在装置传递过程中需要满足两个假定：

（1）一维应力波假定，即加载过程中应力波为一维应力波，无畸变和弥散效应，并且试样也为一维状态。由于与应力波的波长相比，压杆的直径很小，因此在应力波传递过程中可以忽略杆件的横向变形，即此时只存在轴向应力。这样可以利用杆件中部应变片的时程图来表征试样与压杆接触面所产生的波形变化。

（2）均匀性假定，即应力波经过试样后，无论是传递反射波或透射波，应力波也同样在试样间往返传播，在此过程中忽略试样的尺寸，则试样内部轴向的应力场和应变场都是均匀的，这样可以忽略试样的应力波效应。

上述两个假定是确保 SHPB 试验结果准确性的前提，目前验证是否满足假定的方法便是判断试样是否满足应力平衡，因此试样达到应力平衡是确保试验结果准确性的必要前提。而影响试样是否达到应力平衡的因素较多，主要可归纳如下：

（1）冲击波型的选取。已有研究表明，半正弦波是目前国际广泛认可的冲击波型，其可以在保证达到应力平衡的前提下，获得不错的试验结果与参数。同时矩形波、三角波、梯形波等冲击波型在获取试验结果上都存在许多问题。因此，良好的冲击波型是帮助试样达到应力平衡的重要因素。

（2）波形整形器的使用。在弹头与入射杆之间放置一片低强度薄片是现阶段常用的波形整形技术，波形整形器的存在可以修饰应力曲线，帮助实现应力平衡。在没有使用整形器的情况下，在入射波刚刚传递到脆性材料样品时，岩石就已经从入射端端面破坏了，此时试样整体较难达到应力平衡。

（3）试样的选取与加工。含缺陷岩石相较于普通完整岩石本身已不满足均匀性假定，因此其内部应力分布会更加复杂，更易造成应力不平衡的现象。除此之外试样端面不平整度也是影响应力平衡的关键因素，过大的不平整度会造成试样端面破坏时程差，应力波发生畸变，从而导致试样不满足应力平衡。另外，试样与压杆端面摩擦效应和试样长径比也是影响是否达到应力平衡的关键因素之一。

（4）数据处理的精度。绝大多数 SHPB 试验系统会配备自动运算系统，手动标定入射波、反射波和透射波后，系统就可以自动生成动态应力-应变曲线，这无疑可以极大地减少运算工作量。但仍会出现一些问题，例如手工标定应力波的精度，应力波的偏差会直接作用于应力平衡曲线上。

在众多学者的不断努力下，SHPB 试验在不断趋近于标准化、规范化、普适化、多元化，也在岩石力学领域取得了诸多成就与进展，然而目前仍存在诸多问题需要深入探索：

（1）SHPB 试验标准体系的建立。随着 ISRM 推出第一个有关 SHPB 动态压缩试验的标准，后续又不断推出了动态抗拉试验、韧度试验的标准，说明 SHPB 试验作为一种简单有效的方法正逐步被认可和大幅使用。但基于大直径 SHPB 试验装置开展的混凝土动力学性能研究试验、基于动-静耦合或真三轴 SHPB 试验装置开展的脆性岩石三轴动力学性能研究试验、基于温压耦合 SHPB 试验装置开展的脆性岩石温压耦合动力学性能研究试验等并无完善的标准推出，此类试验现阶段研究正不断增多，需要学者通过大量试验总结出试验规范，以满足不同类型 SHPB 试验需要。

（2）满足不同需求 SHPB 试验装置的研发。针对 SHPB 试验装置的革新不断进行，已经出现了可以满足各类需求的装置，但恒定应变率、超高应变率等 SHPB 试验装置的研发仍是目前需要关注的重点方向。绝大多数 SHPB 试验装置控制冲击速度是通过改变气压和弹头放置深度完成的，此手段误差过大，经常会出现冲击速度与预期速度不符的情况，增加试验损耗，这一点在所需应变率增加时表现得更加明显，因此研发出恒定应变率、超高应变率等 SHPB 试验装置是提高试验精度、提高效率的重要手段。

（3）获取不同脆性岩石样本的力学参数。受限于试验手段，许多动力学冲击试验需要借助数值模拟技术完成，此时脆性岩石参数的设定便是其中的重点。以模拟 SHPB 试验过程常用的 LS-DYNA 软件为例，其丰富的关键字可以满足不同材料的需求，其中脆性岩石中应用较多的为 Homquist-Johnson-Cook 本构模型，被广泛应用于考虑损伤情况下的大应变率加载情况。模型共有 21 个参数，目前学者已经开发出了常见的煤、砂岩、花岗岩等脆性岩石的数值模型，然而实际工程中常遇见许多不常见的脆性岩石，例如页岩、泥岩等，仍未提供精确的 HJC 模型参数，因此需要学者针对更多的脆性岩石展开研究，开发数值模拟力学参数，以满足工程需要。

（4）特殊环境下脆性岩石的力学性能研究。以三轴动力学 SHPB 试验装置为例，目前研究使用较多的为动-静耦合 SHPB 试验装置，其能反映脆性岩石一定程度的三轴动力学特性，也取得了诸多成果，但区别于真三轴 SHPB 试验装置，无法反映三向轴压变化时脆性岩石的真三轴力学行为，此部分仍存在大量空白，需要理论及试验补充。此外，低温环境下 SHPB 试验装置的研发仍进展缓慢，暂无实质性突破，对于寒冷地区脆性岩石动力学特性的表征十分不利。

1.5 本章小结

本章主要针对 SHPB 试验装置在岩石力学领域的发展和应用进行了回顾。作为一种被 ISRM 推荐的岩石动力学测试方法，SHPB 被广泛应用于大范围应变率动力冲击试验当中。在开展试验的过程中，满足应力平衡是至关重要的，但由于脆性材料的特殊性，可能会出现未达应力平衡试样便破碎的情况。因此学者针对 SHPB 试验装置进行了一系列改进，经过大量试验验证，纺锤形弹头所产生的半正弦型波形是目前最稳定的应力波形。但针对其余常见波形，也可采用波形整形器以获得更为平缓的加载路径。除此之外，造成 SHPB 试验装置产生误差的主要原因还包括界面效应、摩擦效应和尺寸效应等。为减少这些因素的影响，在制作试样时需要控制试样的不平整度，并且尽量使用 ISRM 建议的长径比：小试样长径比为 1∶1，大试样长径比为 0.5∶1，还可以在加载过程中通过使用润滑剂来减少不利影响。为满足不同情况的实际需要，学者将 SHPB 装置改造为大直径或含围压和特殊环境的 SHPB 试验装置，或结合高速摄像技术、X 射线技术和数值模拟软件以获得所需的试验要求，不仅如此，SHPB 在抗拉性能和断裂力学等方面也有广阔的应用。

　　除了分析材料的力学参数和破裂规律，学者们也会结合能量理论或分形理论开展研究。目前人们通过开展研究，已经对包括含缺陷岩石、混凝土、含水或含气岩石等特殊材料的认识有了很大进展，不过由于材料赋存情况的复杂性，对于特殊环境下材料力学性能的研究更有意义。随着学者们的不断努力，研究出了更真实模拟围压或特殊环境的试验装置，并且经过研究发现，它们与传统岩石的性能有很大差异。可以见得 SHPB 试验装置在岩石力学领域得到了广泛应用并取得了许多重要成果，然而目前还存在许多问题需要学者们深入探究。

　　虽然 ISRM 针对 SHPB 试验装置于 2011 年提出了三种建议测试规范，不过也只局限于动态抗压、动态抗拉和动态韧度三种试验方法，其他诸如用于测量混凝土的大直径 SHPB 试验装置、含围压或特殊环境的 SHPB 试验装置的规范应用并无针对性的建议。为了获得更加标准正确的试验结论，需要总结出具有针对性的岩石测试规范，以满足工程实践中的不同要求。不仅如此，由于设备的局限性，现有的装置还无法完成类似微观动态监测或极端低温环境下动力学加载等内容，因此需要对传统的 SHPB 试验装置开展改进工作，以揭示更多岩石动态力学性能的规律。

　　综上所述，SHPB 试验装置是目前岩石力学领域表征动力学特征的重要手段，大量的试验也证明了其优越性。然而，在使用 SHPB 系统的过程中应该仔细评估以满足系统的基本假设，试验过程中使用脉冲整形器、规范试样等方法减小误差，在处理数据时不仅需要验证应力平衡还应使用正确的处理方法，以获得规范准确的试验结果。

参 考 文 献

[1] Kumar A. The effect of stress rate and temperature on the strength of basalt and granite [J]. Geophysics, 1968, 33 (3): 501~510.

[2] Olsson W A. The compressive strength of tuff as a function of strain rate from 10^{-6} to 10^3/sec [C] //International Journal of Rock Mechanics and Mining Sciences & Geomechanics Abstracts, 1991.

[3] Nemat-Nasser S. Introduction to high strain rate testing [J]. ASM handbook, 2000, 8: 427~428.

[4] Field J E, Walley S M, Proud W G, et al. Review of experimental techniques for high rate deformation and shock studies [J]. International Journal of Impact Engineering, 2004, 30

(7)：725~775.

[5] Sharpe W N. Springer handbook of experimental solid mechanics [M]. Springer Science & Business Media, 2008.

[6] Liang C Y, Li X, Li S D, et al. Study of strain rates threshold value between static loading and quasi-dynamic loading of rock [J]. Chinese Journal of Rock Mechanics and Engineering, 2012, 31 (6)：1156~1161.

[7] Zhang Q B, Zhao J. Quasi-static and dynamic fracture behaviour of rock materials：Phenomena and mechanisms [J]. International Journal of Fracture, 2014, 189 (1)：1~32.

[8] Li X B. Rock dynamics fundamentals and applications [J]. Science：Beijing, China, 2014.

[9] 李晓峰, 李海波, 刘凯, 等. 冲击荷载作用下岩石动态力学特性及破裂特征研究 [J]. 岩石力学与工程学报, 2017, 36 (10)：2393~2405.

[10] Liu X, Liu Z, Li X, et al. Experimental study on the effect of strain rate on rock acoustic emission characteristics [J]. International Journal of Rock Mechanics and Mining Sciences, 2020, 133：104420.

[11] Malvar L J, Ross C A. Review of strain rate effects for concrete in tension [J]. ACI Materials Journal, 1998, 95：735~739.

[12] Sun B, Liu S, Zeng S, et al. Dynamic characteristics and fractal representations of crack propagation of rock with different fissures under multiple impact loadings [J]. Scientific Reports, 2021, 11 (1)：1~16.

[13] Zhou Y X, Xia K W, Li X B, et al. Suggested methods for determining the dynamic strength parameters and mode-I fracture toughness of rock materials [M] //The ISRM Suggested Methods for Rock Characterization, Testing and Monitoring：2007~2014. Springer, 2011：35~44.

[14] Cai M, Kaiser P K, Suorineni F, et al. A study on the dynamic behavior of the Meuse/Haute-Marne argillite [J]. Physics and Chemistry of the Earth, Parts A/B/C, 2007, 32 (8~14)：907~916.

[15] Hopkinson B X. A method of measuring the pressure produced in the detonation of high, explosives or by the impact of bullets [J]. Philosophical Transactions of the Royal Society of London. Series A, Containing Papers of a Mathematical or Physical Character, 1914, 213 (497~508)：437~456.

[16] Kolsky H. An investigation of the mechanical properties of materials at very high rates of loading [J]. Proceedings of the Physical Society. Section B, 1949, 62 (11)：676.

[17] Li S, Hu S S. Two-wave and three-wave method in SHPB data processing [J]. Explosion and Shock Waves, 2005, 25 (4)：368~373.

[18] Li Y, Hu C, Wang W. A discussion on the data processing of SHPB experiment [J]. Explosion and Shock Waves, 2005, 25 (6)：553.

[19] Lopatnikov S L, Gama B A, Krauthouser K, et al. Applicability of the classical analysis of experiments with split Hopkins pressure bar [J]. Technical Physics Letters, 2004, 30 (2)：102~105.

[20] Wang T T, Shang B. Three-wave mutual-checking method for data processing of SHPB experiments of concrete [J]. Journal of Mechanics, 2014, 30 (5): N5~N10.

[21] Luo S, Gong F. Experimental and numerical analyses of the rational loading waveform in SHPB test for rock materials [J]. Advances in Civil Engineering, 2018, 2018: 3967643.

[22] Li X B, Lok T S, Zhao J, et al. Oscillation elimination in the Hopkinson bar apparatus and resultant complete dynamic stress-strain curves for rocks [J]. International Journal of Rock Mechanics and Mining Sciences, 2000, 37 (7): 1055~1060.

[23] Li X, Gu D, Lai H. On the reasonable loading stress waveforms determined by dynamic stress-strain curves of rocks by SHPB [J]. Explosion and Shock Waves, 1993, 13 (2): 125~130.

[24] Chen W, Lu F, Zhou B. A quartz-crystal-embedded split Hopkinson pressure bar for soft materials [J]. Experimental Mechanics, 2000, 40 (1): 1~6.

[25] Zhao H, Gary G, Klepaczko J R. On the use of a viscoelastic split Hopkinson pressure bar [J]. International Journal of Impact Engineering, 1997, 19 (4): 319~330.

[26] Lockner D A. Rock failure [J]. Rock Physics and Phase Relations: A Handbook of Physical Constants, 1995, 3: 127~147.

[27] Da Silva M G. On the finite viscoplastic deformations of porous metals [M]. Baltimore: The Johns Hopkins University, 1995.

[28] Parry D J, Walker A G, Dixon P R. Hopkinson bar pulse smoothing [J]. Measurement Science and Technology, 1995, 6 (5): 443.

[29] Deng Z, Cheng H, Wang Z, et al. Compressive behavior of the cellular concrete utilizing millimeter-size spherical saturated SAP under high strain-rate loading [J]. Construction and Building Materials, 2016, 119: 96~106.

[30] Chen X, Wu S, Zhou J. Experimental and modeling study of dynamic mechanical properties of cement paste, mortar and concrete [J]. Construction and Building Materials, 2013, 47: 419~430.

[31] Frew D J, Forrestal M J, Chen W. Pulse shaping techniques for testing brittle materials with a split Hopkinson pressure bar [J]. Experimental Mechanics, 2002, 42 (1): 93~106.

[32] Zhou J, Chen X, Wu L, et al. Influence of free water content on the compressive mechanical behaviour of cement mortar under high strain rate [J]. Sadhana, 2011, 36 (3): 357~369.

[33] Su H, Xu J, Ren W. Mechanical properties of ceramic fiber-reinforced concrete under quasi-static and dynamic compression [J]. Materials & Design, 2014, 57: 426~434.

[34] Yuan P, Ma Q, Ma D. Stress uniformity analyses on nonparallel end-surface rock specimen during loading process in SHPB tests [J]. Advances in Civil Engineering, 2018, 2018: 5406931.

[35] Kariem M A, Beynon J H, Ruan D. Misalignment effect in the split Hopkinson pressure bar technique [J]. International Journal of Impact Engineering, 2012, 47: 60~70.

[36] Yuan P, Wei N, Ma Q. Effect of nonparallel end face on energy dissipation analyses of rocklike materials based on SHPB tests [J]. Shock and Vibration, 2019, 2019: 2040947.

[37] Gray III G T. Classic split Hopkinson pressure bar testing [J]. ASM Handbook, 2000, 8: 462~476.

[38] Davies R M. A critical study of the Hopkinson pressure bar [J]. Philosophical Transactions of the Royal Society of London. Series A, Mathematical and Physical Sciences, 1948, 240 (821): 375~457.

[39] Bertholf L D, Karnes C H. Two-dimensional analysis of the split Hopkinson pressure bar system [J]. Journal of the Mechanics and Physics of Solids, 1975, 23 (1): 1~19.

[40] Klepaczko J, Malinowski Z. Dynamic frictional effects as measured from the split Hopkinson pressure bar [M] //High Velocity Deformation of Solids. Springer, 1979: 403~416.

[41] Gorham D A. Specimen inertia in high strain-rate compression [J]. Journal of Physics D: Applied Physics, 1989, 22 (12): 1888.

[42] Warren T L, Forrestal M J. Comments on the effect of radial inertia in the Kolsky bar test for an incompressible material [J]. Experimental Mechanics, 2010, 50 (8): 1253~1255.

[43] Zhao H, Gary G. A three dimensional analytical solution of the longitudinal wave propagation in an infinite linear viscoelastic cylindrical bar. Application to experimental techniques [J]. Journal of the Mechanics and Physics of Solids, 1995, 43 (8): 1335~1348.

[44] Shan R, Jiang Y, Li B. Obtaining dynamic complete stress-strain curves for rock using the split Hopkinson pressure bar technique [J]. International Journal of Rock Mechanics and Mining Sciences, 2000, 37 (6): 983~992.

[45] Wang S, Zhang M, Quek S T. Effect of specimen size on static strength and dynamic increase factor of high-strength concrete from SHPB test [J]. Journal of Testing and Evaluation, 2011, 39 (5): 1.

[46] Ai D, Yang Y. Crack detection and evolution law for rock mass under SHPB impact tests [J]. Shock and Vibration, 2019, 2019: 3956749.

[47] Van Mier J, Van Vliet M. Influence of microstructure of concrete on size/scale effects in tensile fracture [J]. Engineering Fracture Mechanics, 2003, 70 (16): 2281~2306.

[48] Hong L, Li X B, Ma C D, et al. Study on size effect of rock dynamic strength and strain rate sensitivity [J]. Chinese Journal of Rock Mechanics and Engineering, 2008, 27 (3): 526~533.

[49] Davies E, Hunter S C. The dynamic compression testing of solids by the method of the split Hopkinson pressure bar [J]. Journal of the Mechanics and Physics of Solids, 1963, 11 (3): 155~179.

[50] Khan A S, Balzer J E, Wilgeroth J M, et al. Aspect ratio compression effects on metals and polymers [C] //Journal of Physics: Conference Series, 2014.

[51] 梁书锋, 吴帅峰, 李胜林, 等. 岩石材料 SHPB 实验试件尺寸确定的研究 [J]. 工程爆破, 2015, 21 (5): 1~5.

[52] 李地元, 肖鹏, 谢涛, 等. 动静态压缩下岩石试样的长径比效应研究 [J]. 实验力学, 2018, 33 (1): 93~100.

[53] Craggs J W. On the propagation of a crack in an elastic-brittle material [J]. Journal of the Mechanics and Physics of Solids, 1960, 8 (1): 66~75.

[54] Zou C, Wong L N Y. Experimental studies on cracking processes and failure in marble under

dynamic loading [J]. Engineering Geology, 2014, 173: 19~31.

[55] Li X, Zhou T, Li D. Dynamic strength and fracturing behavior of single-flawed prismatic marble specimens under impact loading with a split-Hopkinson pressure bar [J]. Rock Mechanics and Rock Engineering, 2017, 50 (1): 29~44.

[56] Li D, Han Z, Sun X, et al. Dynamic mechanical properties and fracturing behavior of marble specimens containing single and double flaws in SHPB tests [J]. Rock Mechanics and Rock Engineering, 2019, 52 (6): 1623~1643.

[57] Jiang C, Zhao G, Zhu J, et al. Investigation of dynamic crack coalescence using a gypsum-like 3D printing material [J]. Rock Mechanics and Rock Engineering, 2016, 49 (10): 3983~3998.

[58] Yan Z, Dai F, Zhu J, et al. Dynamic cracking behaviors and energy evolution of multi-flawed rocks under static pre-compression [J]. Rock Mechanics and Rock Engineering, 2021, 54 (9): 5117~5139.

[59] Li D, Zhu Q, Zhou Z, et al. Fracture analysis of marble specimens with a hole under uniaxial compression by digital image correlation [J]. Engineering Fracture Mechanics, 2017, 183: 109~124.

[60] Tan L, Ren T, Dou L, et al. Dynamic response and fracture evolution of marble specimens containing rectangular cavities subjected to dynamic loading [J]. Bulletin of Engineering Geology and the Environment, 2021, 80 (10): 7701~7716.

[61] Yan Z, Dai F, Liu Y, et al. Numerical assessment of the rate-dependent cracking behaviours of single-flawed rocks in split Hopkinson pressure bar tests [J]. Engineering Fracture Mechanics, 2021, 247: 107656.

[62] Li X, Zhou T, Li D, et al. Experimental and numerical investigations on feasibility and validity of prismatic rock specimen in SHPB [J]. Shock and Vibration, 2016, 2016: 7198980.

[63] Richard P, Cheyrezy M H. Reactive powder concretes with high ductility and 200−800MPa compressive strength [J]. Special Publication, 1994, 144: 507~518.

[64] Shaikh F U A, Luhar S, Arel H S, et al. Performance evaluation of Ultrahigh performance fibre reinforced concrete-A review [J]. Construction and Building Materials, 2020, 232: 117152.

[65] Khosravani M R, Weinberg K. A review on split Hopkinson bar experiments on the dynamic characterisation of concrete [J]. Construction and Building Materials, 2018, 190: 1264~1283.

[66] Zhang W, Zhang Y, Zhang G. Static, dynamic mechanical properties and microstructure characteristics of ultra-high performance cementitious composites [J]. Science and Engineering of Composite Materials, 2012, 19 (3): 237~245.

[67] Yu Q, Zhuang W, Shi C. Research progress on the dynamic compressive properties of ultra-high performance concrete under high strain rates [J]. Cement and Concrete Composites, 2021, 124: 104258.

[68] Wu Z, Shi C, He W, et al. Static and dynamic compressive properties of ultra-high performance concrete (UHPC) with hybrid steel fiber reinforcements [J]. Cement and Concrete

Composites, 2017, 79: 148~157.

[69] Huang H, Gao X, Khayat K H. Contribution of fiber orientation to enhancing dynamic properties of UHPC under impact loading [J]. Cement and Concrete Composites, 2021, 121: 104108.

[70] Zhang Z Q, Yang J L, Li Q M. An analytical model of foamed concrete aircraft arresting system [J]. International Journal of Impact Engineering, 2013, 61: 1~12.

[71] Cao S, Hou X, Rong Q. Dynamic compressive properties of reactive powder concrete at high temperature: A review [J]. Cement and Concrete Composites, 2020, 110: 103568.

[72] Hou X, Cao S, Zheng W, et al. Experimental study on dynamic compressive properties of fiber-reinforced reactive powder concrete at high strain rates [J]. Engineering Structures, 2018, 169: 119~130.

[73] Chen W, Luo L, Guo Z, et al. Strain rate effects on dynamic strength of high temperature-damaged RPC-FST [J]. Journal of Constructional Steel Research, 2018, 147: 324~339.

[74] Liang X, Wu C, Yang Y, et al. Coupled effect of temperature and impact loading on tensile strength of ultra-high performance fibre reinforced concrete [J]. Composite Structures, 2019, 229: 111432.

[75] Yoo D, Banthia N. Mechanical properties of ultra-high-performance fiber-reinforced concrete: A review [J]. Cement and Concrete Composites, 2016, 73: 267~280.

[76] Wang J C. Mechanism of the rib spalling and the controlling in the very soft coal seam [J]. Mei T'an Hsueh Pao (Journal of China Coal Society), 2007, 32: 785~788.

[77] Gu H, Tao M, Cao W, et al. Dynamic fracture behaviour and evolution mechanism of soft coal with different porosities and water contents [J]. Theoretical and Applied Fracture Mechanics, 2019, 103: 102265.

[78] Liu Z, Wang G, Li J, et al. Research on water-immersion softening mechanism of coal rock mass based on split Hopkinson pressure bar experiment [Z]. 2021: 1~20.

[79] Gu H, Tao M, Li X, et al. Dynamic response and meso-deterioration mechanism of water-saturated sandstone under different porosities [J]. Measurement, 2021, 167: 108275.

[80] Kong X, Li S, Wang E, et al. Dynamics behaviour of gas-bearing coal subjected to SHPB tests [J]. Composite Structures, 2021, 256: 113088.

[81] Kong X, Wang E, Li S, et al. Dynamic mechanical characteristics and fracture mechanism of gas-bearing coal based on SHPB experiments [J]. Theoretical and Applied Fracture Mechanics, 2020, 105: 102395.

[82] Zhang B, Wang H, Wang P, et al. Mechanical properties and failure characteristics of gas-bearing coal under static pre-load and impact load [J]. Arabian Journal of Geosciences, 2021, 14 (21): 1~10.

[83] Yin Z, Chen W, Hao H, et al. Dynamic compressive test of gas-containing coal using a modified split Hopkinson pressure bar system [J]. Rock Mechanics and Rock Engineering, 2020, 53 (2): 815~829.

[84] Zhao Y, Li P, Tian S. Prevention and treatment technologies of railway tunnel water inrush and mud gushing in China [J]. Journal of Rock Mechanics and Geotechnical Engineering, 2013, 5

(6): 468~477.

[85] Zhou Y, Feng S, Li J. Study on the failure mechanism of rock mass around a mined-out area above a highway tunnel-Similarity model test and numerical analysis [J]. Tunnelling and Underground Space Technology, 2021, 118: 104182.

[86] Christensen R J, Swanson S R, Brown W S. Split-Hopkinson-bar tests on rock under confining pressure [J]. Experimental Mechanics, 1972, 12 (11): 508~513.

[87] Kawakita M, Kinoshita S. The dynamic fracture properties of rocks under confining pressure [J]. Memoirs of the Faculty of Engineering, Hokkaido University, 1981, 15 (4): 467~478.

[88] Gong J C, Malvern L E. Passively confined tests of axial dynamic compressive strength of concrete [J]. Experimental Mechanics, 1990, 30 (1): 55~59.

[89] Bailly P, Delvare F, Vial J, et al. Dynamic behavior of an aggregate material at simultaneous high pressure and strain rate: SHPB triaxial tests [J]. International Journal of Impact Engineering, 2011, 38 (2~3): 73~84.

[90] Zhai Y, Li Y B, Li Y, et al. Impact compression test and numerical simulation analysis of concrete after thermal treatment in complex stress state [J]. Materials, 2019, 12 (12): 1938.

[91] Chen W, Ravichandran G. Dynamic compressive failure of a glass ceramic under lateral confinement [J]. Journal of the Mechanics and Physics of Solids, 1997, 45 (8): 1303~1328.

[92] Forquin P, Gary G, Gatuingt F. A testing technique for concrete under confinement at high rates of strain [J]. International Journal of Impact Engineering, 2008, 35 (6): 425~446.

[93] Rome J, Isaacs J, Nemat-Nasser S. Hopkinson techniques for dynamic triaxial compression tests [M] //Recent Advances in Experimental Mechanics. Springer, 2002: 3~12.

[94] Gary G, Bailly P. Behaviour of quasi-brittle material at high strain rate. Experiment and modelling [J]. European Journal of Mechanics-A/Solids, 1998, 17 (3): 403~420.

[95] Li X, Zhou Z, Lok T, et al. Innovative testing technique of rock subjected to coupled static and dynamic loads [J]. International Journal of Rock Mechanics and Mining Sciences, 2008, 45 (5): 739~748.

[96] Shi S, Yu B, Wang L. The dynamic impact experiments under active confining pressure and the constitutive equation of PP/PA blends at multi-axial compressive stress state [C] // Macromolecular Symposia, 2009.

[97] Guo H, Guo W, Zhai Y, et al. Experimental and modeling investigation on the dynamic response of granite after high-temperature treatment under different pressures [J]. Construction and Building Materials, 2017, 155: 427~440.

[98] Ma D, Ma Q, Yuan P. SHPB tests and dynamic constitutive model of artificial frozen sandy clay under confining pressure and temperature state [J]. Cold Regions Science and Technology, 2017, 136: 37~43.

[99] Li E, Gao L, Jiang X, et al. Analysis of dynamic compression property and energy dissipation of salt rock under three-dimensional pressure [J]. Environmental Earth Sciences, 2019, 78

(14): 1~13.

[100] Cadoni E, Dotta M, Forni D, et al. First application of the 3D-MHB on dynamic compressive behavior of UHPC [C] //EPJ Web of Conferences, 2015.

[101] Li X, Du K, Li D. True triaxial strength and failure modes of cubic rock specimens with unloading the minor principal stress [J]. Rock Mechanics and Rock Engineering, 2015, 48 (6): 2185~2196.

[102] Liu K, Zhang Q B, Wu G, et al. Dynamic mechanical and fracture behaviour of sandstone under multiaxial loads using a triaxial hopkinson bar [J]. Rock Mechanics and Rock Engineering, 2019, 52 (7): 2175~2195.

[103] Yin Z, Li X, Jin J, et al. Failure characteristics of high stress rock induced by impact disturbance under confining pressure unloading [J]. Transactions of Nonferrous Metals Society of China, 2012, 22 (1): 175~184.

[104] Weng L, Li X, Taheri A, et al. Fracture evolution around a cavity in brittle rock under uniaxial compression and coupled static-dynamic loads [J]. Rock Mechanics and Rock Engineering, 2018, 51 (2): 531~545.

[105] Wang S R, Wu X G, Yang J H, et al. Mechanical behavior of lightweight concrete structures subjected to 3D coupled static-dynamic loads [J]. Acta Mechanica, 2020, 231 (11): 4497~4511.

[106] Hummeltenberg A, Curbach M. Design and construction of a biaxial Split-Hopkinson-bar [J]. Beton-Und Stahlbetonbau, 2012, 107 (6): 394~400.

[107] Cui J, Hao H, Shi Y, et al. Volumetric properties of concrete under true triaxial dynamic compressive loadings [J]. Journal of Materials in Civil Engineering, 2019, 31 (7): 4019126.

[108] Xu S, Shan J, Zhang L, et al. Dynamic compression behaviors of concrete under true triaxial confinement: An experimental technique [J]. Mechanics of Materials, 2020, 140: 103220.

[109] Cui J, Hao H, Shi Y, et al. Experimental study of concrete damage under high hydrostatic pressure [J]. Cement and Concrete Research, 2017, 100: 140~152.

[110] Ma C, Apandi N M, Sofrie C S Y, et al. Repair and rehabilitation of concrete structures using confinement: A review [J]. Construction and Building Materials, 2017, 133: 502~515.

[111] Zhou Y, Shi W, Gao Y, et al. Experimental investigation on the dynamic mechanical response of polyethylene terephthalate fiber-reinforced polymer confined pre-flawed concrete under impact loading [J]. Journal of Building Engineering, 2022, 57: 104966.

[112] Xiong B, Demartino C, Xiao Y. High-strain rate compressive behavior of CFRP confined concrete: Large diameter SHPB tests [J]. Construction and Building Materials, 2019, 201: 484~501.

[113] Dai J, Bai Y, Teng J G. Behavior and modeling of concrete confined with FRP composites of large deformability [J]. Journal of Composites for Construction, 2011, 15 (6): 963~973.

[114] Uddin N. Developments in fiber-reinforced polymer (FRP) composites for civil engineering [M]. Elsevier, 2013.

［115］ Yang H, Song H. Dynamic compressive behavior of FRP-confined concrete under impact and a new design-oriented strength model ［J］. Polymers and Polymer Composites, 2016, 24 （2）: 127~131.

［116］ Yang H, Song H, Zhang S. Experimental investigation of the behavior of aramid fiber reinforced polymer confined concrete subjected to high strain-rate compression ［J］. Construction and Building Materials, 2015, 95: 143~151.

［117］ Chiddister J L, Malvern L E. Compression-impact testing of aluminum at elevated temperatures ［J］. Experimental Mechanics, 1963, 3 （4）: 81~90.

［118］ Gilat A, Wu X. Elevated temperature testing with the torsional split Hopkinson bar ［J］. Experimental Mechanics, 1994, 34 （2）: 166~170.

［119］ Lankford J. Threshold microfracture during elastic-plastic indentation of ceramics ［J］. Journal of Materials Science, 1981, 16 （5）: 1177~1182.

［120］ Oosterkamp L D, Ivankovic A, Venizelos G. High strain rate properties of selected aluminium alloys ［J］. Materials Science and Engineering: A, 2000, 278 （1~2）: 225~235.

［121］ Frantz C E, Follansbee P S, Wright W J. New experimental techniques with the split Hopkinson pressure bar ［C］ //Presented at the 8th Intern. Conf. on High Energy Rate Fabrication, 1984: 17~21.

［122］ Nemat-Nasser S, Isaacs J B. Direct measurement of isothermal flow stress of metals at elevated temperatures and high strain rates with application to Ta and TaW alloys ［J］. Acta Materialia, 1997, 45 （3）: 907~919.

［123］ Shang B, Wang T T, Zhuang Z. Difference scheme for modifying the experimental temperature in high-temperature SHPB test ［J］. Chinese Journal of High Pressure Physics, 2010, 24 （3）: 219~224.

［124］ Yin T, Wang C, Wu Y, et al. A waveform modification method for testing dynamic properties of rock under high temperature ［J］. Journal of Rock Mechanics and Geotechnical Engineering, 2021, 13 （4）: 833~844.

［125］ Yin T, Zhang S, Li X, et al. A numerical estimate method of dynamic fracture initiation toughness of rock under high temperature ［J］. Engineering Fracture Mechanics, 2018, 204: 87~102.

［126］ Liu S, Xu J. Study on dynamic characteristics of marble under impact loading and high temperature ［J］. International Journal of Rock Mechanics and Mining Sciences, 2013, 62: 51~58.

［127］ Liu S, Xu J. Effect of strain rate on the dynamic compressive mechanical behaviors of rock material subjected to high temperatures ［J］. Mechanics of Materials, 2015, 82: 28~38.

［128］ Yang S, Wang J, Zhang Z, et al. Experimental investigation on multiscale fracturing in thermally treated sandstone under SHPB impact loading ［J］. Shock and Vibration, 2021, 2021: 1~10.

［129］ Liu S, Xu J. Investigation of impact compressive mechanical properties of sandstone after as well as under high temperature ［J］. High Temperature Materials and Processes, 2014, 33

(6): 585~591.

[130] Wong L N Y, Li Z, Kang H M, et al. Dynamic loading of Carrara marble in a heated state [J]. Rock Mechanics and Rock Engineering, 2017, 50 (6): 1487~1505.

[131] Fan L F, Wu Z J, Wan Z, et al. Experimental investigation of thermal effects on dynamic behavior of granite [J]. Applied Thermal Engineering, 2017, 125: 94~103.

[132] Fan L F, Gao J W, Wu Z J, et al. An investigation of thermal effects on micro-properties of granite by X-ray CT technique [J]. Applied Thermal Engineering, 2018, 140: 505~519.

[133] Peng J, Yang S. Comparison of mechanical behavior and acoustic emission characteristics of three thermally-damaged rocks [J]. Energies, 2018, 11 (9): 2350.

[134] Yang G S. A review on frozen rock mechanics [J]. Mechanics in Engineering, 2009, 31 (6): 9.

[135] Lee M Y, Fossum A F, Costin L S, et al. Frozen soil material testing and constitutive modeling [J]. Sandia Report, SAND, 2002, 524: 8~65.

[136] Furnish M D. Measuring static and dynamic properties of frozen silty soils (No. SAND98-1497) [J]. Sandia National Labs., Albuquerque, NM (US); Sandia National Labs., Livermore, CA (US), 1998.

[137] Ma Q. Experimental analysis of dynamic mechanical properties for artificially frozen clay by the split Hopkinson pressure bar [J]. Journal of Applied Mechanics and Technical Physics, 2010, 51 (3): 448~452.

[138] Ma Q, Ma D, Yuan P, et al. Energy absorption characteristics of frozen soil based on SHPB test [J]. Advances in Materials Science and Engineering, 2018, 2018: 5378173.

[139] Tohgo K, Weng G J. A progressive damage mechanics in particle-reinforced metal-matrix composites under high triaxial tension [J]. Journal of Engineering Materials and Technology, 1994, 116 (3): 414~420.

[140] Tohgo K, Chou T. Incremental theory of particulate-reinforced composites including debonding damage [J]. JSME International Journal. Ser. A, Mechanics and Material Engineering, 1996, 39 (3): 389~397.

[141] Liu Z Q, Wang B, Li X F, et al. Study on dynamic characteristics of frozen soil by using SHPB test and nurmerical simulation test [C] //13th ISRM International Congress of Rock Mechanics, 2015.

2　霍普金森压杆试验

2.1　霍普金森压杆试验简史

考尔斯基压杆最早是由 Hetber 和 Kolsky（1917—1992）于 1949 年发明的。考尔斯基压杆也常称为分离式霍普金森压杆（SHPB），以纪念 John Hopkinson（1849—1898）和他的儿子 Bertram Hopkinson（1874—1918）所做出的奠基性工作。在 1872 年，John Hopkinson[1] 开展了由落重冲击致使铁丝断裂的试验，图 2-1 是此试验的示意图。试验发现，铁丝可能断于冲击端或断于固定端，取决于冲击速度，而与落重的质量无关。此试验最早揭示了铁丝中的应力波传播问题，然而在 19 世纪测量应力波的传播还具相当的挑战性。Bertram Hopkinson[2] 在 1914 年发明了长杆与短杆相组合的压杆用于测量由高能炸药或者子弹的高速冲击产生的压力脉冲形状及时长。Bertram Hopkinson[2] 使用带有纸和铅笔的弹道摆以记录杆（圆柱形弹性杆）的运动。据此记录，可以计算出火药棉起爆对长杆冲击形成的长杆中的动量及与长杆的另一端借磁力（或涂以少许油脂）相衔接（这种衔接使得压力脉冲通过接触面时不受什么影响，但几乎不能承受拉力）的短杆中的动量，这是对起爆所产生的压力脉冲的一种测量。当短杆的长度小于压力脉冲长度（压力脉冲持续时间与压力脉冲在该介质中传播速度的乘积）的 1/2 时，短杆和长杆都将飞离。逐渐增加短杆的长度直到发现长杆在加载后能处于静止，而仅有短杆飞离，从而求得短杆自身飞离而能保持长杆静止时的最小长度。加载波的持续时间就是波在短杆中往返一次所需的时间。如上所述，弹道摆记录了冲击所产生的总动量，根据所获得的短杆的最小脉冲长度可计算压力脉冲的持续时间，因此，便可获得由火药棉起爆（或子弹冲击）所产生的压力脉冲的压力-时间曲线。然而，由于当时测量技术非常有限，从本质上说，所得测量结果只是对压力-时间曲线的一种近似。1923 年，Landon 和 Quinney[3] 对这种技术进行了进一步讨论。1948 年，Davies[4] 对这种技术开展了一个关键性研究。他使用平行板电容器和圆柱形电容器测量爆炸加载杆的轴向和径向运动。这些电测方法比 Hopkinson 弹道摆的方法更为准确。Davies[4] 还讨论了波在长杆中传播时的弥散问题。Hopkinson、Davies 等研究工作的目的都是测量爆炸或子弹冲击所产生的压力-时间曲线，尚未涉及材料动态力学性能的研究。

考尔斯基是将 Hopkinson 杆技术扩展用于测量冲击加载条件下材料的应力-

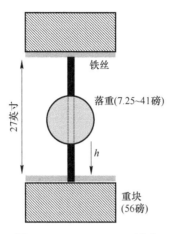

图 2-1 John Hopkinson 试验

应变响应的第一人。考尔斯基[5] 提出的压杆技术和 Davies[4] 的压杆技术类似，区别只是考尔斯基使用两杆，并将试件夹在两杆之间，如图 2-2 所示。基于这种独特的技术，考尔斯基获得了包括聚乙烯、天然橡胶和合成橡胶、有机玻璃（PMMA）、铜和铅等几种材料的动态应力–应变响应。

在他的文章中，考尔斯基介绍了使用电容器（图 2-2）测得的信号计算应力–应变曲线的细节。他指出霍普金森压杆试验中的试件需要足够薄以忽略试件中的轴向惯性。此外，试件和杆之间的端面摩擦及试件中的横向惯性可能会对被测材料实测的应力–应变响应带来一定的不确定性。研究发现由于试件和杆之间的摩擦存在，为了达到某一特定的应变需要比预期更大的加载应力。因此，考尔斯基推荐使用润滑剂以减小端面摩擦。考尔斯基还从能量观点出发定量分析了在高速变形下试件中的径向惯性问题，发现仅当应变率急剧变化时径向惯性的影响才是重要的，而且径向惯性与试件的半径平方成正比，进而指出应当使用半径较小的试件以减小径向惯性的影响。有关通过试件的长径比的设计来消除惯性效应的技术将在后文提出。

在霍普金森压杆刚提出的头几年中，杆中的应力波是由电容器测量的。1954年 Krafft 等[6] 将应变片技术应用于测量霍普金森压杆中的应力波。后来应变片技术便成为霍普金森压杆试验中的标准测量技术。关于产生冲击应力脉冲的方法，考尔斯基最初提出用炸药起爆，然而使用这种方法要获得重复试验结果是很困难的。Krafft 等[6] 改用炮/枪发射一个弹体（常称为撞击杆）撞击入射杆。撞击杆的撞击形成一个梯形脉冲。Hauser 等[7] 使用 Hyge 速度发生器成功获得具有恒定幅值的应力波。在霍普金森压杆试验中通常认为梯形入射波是理想波形。1964 年，Lindholm[8] 结合前人的大多数改进，进一步完善了霍普金森压杆装置。Lindholm[8] 的设计自此成为世界范围内实验室中霍普金森压杆的一种流行模板，当然此技术仍在不断改进以获得不同材料的更准确的高应变率数据。关于霍普金森压杆技术的近期综述可见 Follansbee[9]、Gray[10]、Nemat-Nasser[11]、Subhash 和 Ravichandran[12]、Field 等[13] 和 Gama 等[14] 的工作。基于非常类似的机理但不同的加载和试件夹持方法，霍普金森压杆技术已被扩展到动态拉伸和扭转试验领域，形成相应的试验技术。

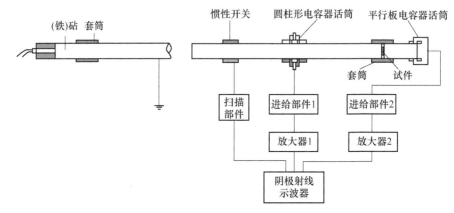

图 2-2　原始霍普金森压杆[5]

2.2　霍普金森压杆试验概述

常见的霍普金森压杆装置由 3 个主要部分构成，即加载装置、杆组件以及数据获取和记录系统，如图 2-3 所示（Song 等[15]）。

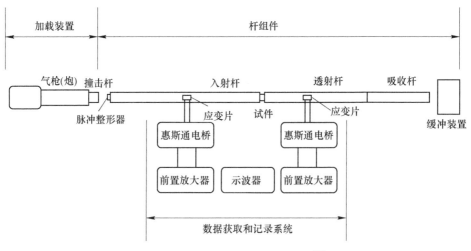

图 2-3　常见的霍普金森压杆装置[5]

（1）加载装置。在霍普金森压杆试验中，加载应可控、稳定且可重复。通常来说，加载方法可以是静态或动态类型。静态类型的霍普金森压杆如图2-4所示。入射杆上远离试件的一端与夹具之间部分承受静态压缩载荷。当突然松开夹具时，由于这种预压而储存的弹性变形能突然被释放并传入入射杆初始无应力部分，这就产生一个压缩波沿入射杆向试件的传播。现在这种静态加载类型的加载已很少用于霍普金森压杆，相反，目前常用的是动态加载类型。

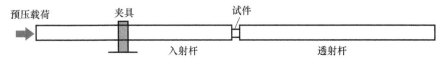

图2-4 霍普金森压杆的静态加载类型

考尔斯基[5]使用的爆炸方法是一种动态加载方式。然而，现在最常用的动态加载方式是发射撞击杆撞击入射杆。对于霍普金森压杆而言，现已发现气炮（枪）是一种有效的、可控的和安全的加载方式。通过突然释放在压力储存容器中的压缩空气（氮气）或轻气（氢、氦等）发射（突然推动）撞击杆，并使之在一个长的炮（枪）管里得到加速，直到其撞击入射杆端。在接近出口处（至炮口距离）的炮管开有泄气孔，从而使撞击杆以恒定速度碰撞入射杆（撞击时撞击杆后方没有气压作用）。在刚要碰撞之前通过光学或磁学方法测量撞击速度。这种撞击杆的发射机理可实现对入射杆产生一个可控、可重复的撞击。撞击速度可通过改变容器内的压缩气体压力和（或）撞击杆距炮口的距离而很简单地控制。加载脉冲的持续时间与撞击杆长度成正比。

（2）杆组件。典型的霍普金森压杆包括入射杆、透射杆、吸收杆和在端部的动量吸收装置（缓冲装置）。一般来说，所有杆件是由相同材料加工而成的，且直径相同。由于在杆中的应力波是通过测量表面应变获得的，因此杆材料应为具有高屈服强度的线弹性材料。为了保证杆中的一维波传播，杆件必须具有很高的直线度，且可从其支撑上基本无摩擦地自由运动。整个杆系需要沿一共同的轴线完全对齐，这根轴线就是系统的加载轴。入射杆长度至少为撞击杆长度的两倍，以避免入射波和反射波的重叠。试件被夹在入射杆和透射杆之间（图2-3）。试件轴线必须与杆系轴线一致。

（3）数据获取和记录系统。应变片技术已成为霍普金森压杆试验中测量杆应变的标准技术。通常将两片应变片对称（关于轴线）地粘贴在杆表面（敏感栅与轴线平行）。应变片的信号用惠斯通电桥调节。在典型的霍普金森压杆试验中，惠斯通电桥的电压输出的幅值很小，通常是在毫伏量级。因此，为了用示波器或高速 A/D 数据采集板准确记录这类低幅值电压信号，可能需要一台信号放大器。放大器和示波器需要足够高的频率响应以记录短历时信号。在典型的霍普金森压杆试验中所需记录的信号历时通常小于 1ms。一般来说，数据采集系统中所有部件的频率响应至少应为 100kHz。

典型的霍普金森压杆试验中，应力波是由撞击杆撞击入射杆产生的。图 2-5 是杆中应力波传播的位置-时间（X-t）图（时程曲线）。当入射杆中的压缩波传播到入射杆和试件的接触面时，部分反射进入入射杆，而其余部分透射进入试件。由于试件和杆之间的阻抗失配，波将在试件中来回反射。这些反射逐渐提高试件中的应力水平，并压缩试件。试件中的应力波与试件/透射杆接触面之间相互作用形成透射信号的波形。由于在霍普金森压杆试验中使用的是薄试件，通过假设试件中应力平衡而常常忽略试件中的应力波传播。

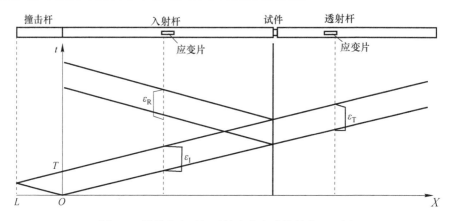

图 2-5　霍普金森压杆系统中应力波传播的 X-t 图

在撞击杆与入射杆的撞击中同样也在撞击杆中产生一个压缩波，在其自由端处反射形成拉伸波（图 2-5）。此拉伸波作为卸载波在入射杆中传播。与压缩波类似的是，此卸载波在杆/试件界面上部分反射回入射杆，而其余部分进入透射杆传播，此时试件被卸载（图 2-5）。因此，在霍普金森压杆试验中产生的加载脉冲持续时间 T 与撞击杆的长度 L 有关：

$$T = \frac{2L}{C_{st}} \tag{2-1}$$

式中，C_{st} 为撞击杆材料的弹性波速。

通常来说，撞击杆的直径和横截面积与入射杆和透射杆相同，产生的应力波的长度（波速与持续时间的乘积）为撞击杆长度的两倍。

在撞击杆和入射杆的材料及直径相同的情况下，由撞击杆碰撞产生的入射波的应力（或应变）幅值 σ_I（或 ε_I），取决于撞击速度 v_{st}：

$$\sigma_I = \frac{1}{2}\rho_B C_B v_{st} \tag{2-2}$$

或

$$\varepsilon_{\mathrm{I}} = \frac{1}{2} \frac{v_{\mathrm{st}}}{C_{\mathrm{B}}} \tag{2-3}$$

式中，ρ_{B}、C_{B} 分别为杆材料的密度和弹性杆中的波速。

入射波和反射波是通过入射杆上的应变片测得的，而透射波是通过透射杆上的应变片测得的（图 2-5）。在正式试验之前，常用式（2-3）对整个霍普金森压杆系统进行动态标定。

假设应力波在入射杆和透射杆中传播没有弥散，即在应变片位置处记录的波形代表与试件接触处的杆端的波形，一维应力波理论把试件两端的质点速度与 3 个实测应变波（脉冲）关联起来（图 2-6）：

$$v_1 = C_{\mathrm{B}}(\varepsilon_{\mathrm{I}} - \varepsilon_{\mathrm{R}}) \tag{2-4}$$

$$v_2 = C_{\mathrm{B}}\varepsilon_{\mathrm{T}} \tag{2-5}$$

式中，下标 I、R、T 分别代表入射波、反射波和透射波。

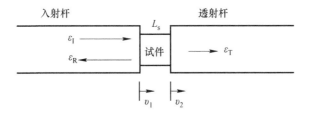

图 2-6　霍普金森压杆测试部分

试件中的平均工程应变率和应变为：

$$\dot{\varepsilon} = \frac{v_1 - v_2}{L_{\mathrm{s}}} = \frac{C_{\mathrm{B}}}{L_{\mathrm{s}}}(\varepsilon_{\mathrm{I}} - \varepsilon_{\mathrm{R}} - \varepsilon_{\mathrm{T}}) \tag{2-6}$$

$$\varepsilon = \int_0^t \dot{\varepsilon}\mathrm{d}t = \frac{C_{\mathrm{B}}}{L_{\mathrm{s}}}\int_0^t (\varepsilon_{\mathrm{I}} - \varepsilon_{\mathrm{R}} - \varepsilon_{\mathrm{T}})\mathrm{d}t \tag{2-7}$$

式中，L_{s} 为试件的初始长度。

试件两端的应力由下列的弹性关系计算获得：

$$\sigma_1 = \frac{A_{\mathrm{B}}}{A_{\mathrm{s}}}E_{\mathrm{B}}(\varepsilon_{\mathrm{I}} + \varepsilon_{\mathrm{R}}) \tag{2-8}$$

$$\sigma_2 = \frac{A_{\mathrm{B}}}{A_{\mathrm{s}}}E_{\mathrm{B}}\varepsilon_{\mathrm{T}} \tag{2-9}$$

式中，A_{B}、A_{s} 分别为杆与试件的横截面积；E_{B} 为杆材料的弹性模量。

如前所述，在霍普金森压杆试验中已假设试件处于应力平衡。此假设在材料性能的动态测试中必须满足。因此，试件几乎均匀地变形，使得试件响应在其体积范围平均值可以很好地代表任一点（逐点）的有效材料行为。应力平衡表达为：

$$\sigma_1 = \sigma_2 \tag{2-10}$$

或者由式（2-8）和式（2-9），有：

$$\varepsilon_I + \varepsilon_R = \varepsilon_T \tag{2-11}$$

式（2-6）、式（2-7）和式（2-9）可因此简化为如下形式：

$$\dot{\varepsilon} = -2\frac{C_B}{L_s}\varepsilon_R \tag{2-12}$$

$$\varepsilon = -2\frac{C_B}{L_s}\int_0^t \varepsilon_R \, dt \tag{2-13}$$

$$\sigma = \frac{A_B}{A_s}E_B\varepsilon_T \tag{2-14}$$

上述结果是以工程应力和工程应变表示的，且压缩时符号取正。当试件应力不完全处于平衡时，试件中的应力可通过取试件两端应力的平均值计算得到：

$$\sigma = \frac{1}{2}(\sigma_1 + \sigma_2) = \frac{1}{2}\frac{A_B}{A_s}E_B(\varepsilon_I + \varepsilon_R + \varepsilon_T) \tag{2-15}$$

式（2-15）提供的是平均试件应力。当试件中的应力或应变处于极度不均匀状态时，式（2-15）不是一种有效的应力度量。在获得试件应力和应变历史后，通过消去时间变量可获得应力–应变关系。

以上表达式均是在质量和动量守恒的基础上由一维波传播假设推导而得的。现在我们通过能量守恒分析一个理想塑性试件在霍普金森压杆试验中的能量分布[16]。

当应力波在长杆中传播时，应力波的机械能以杆变形引起的应变能和杆的运动动能的形式表现。当应力波在入射杆中传播时，入射波引起的弹性应变能（E_I）可以在平均意义上由入射应变 ε_I 计算得到，即

$$E_I = V_1 \int_0^{\varepsilon_I} \sigma \, d\varepsilon \tag{2-16}$$

式中，V_1 为入射杆变形部分的体积。

值得注意的是，在应力波传播过程中，在任意时刻仅有部分入射杆（受波加载区域的入射杆）因入射脉冲加载而引起弹性变形。入射杆变形部分的体积 V_1 与加载历时和杆的横截面积相关，可表示为

$$V_1 = A_0 C_0 T \tag{2-17}$$

式中，T 为加载历时，见式（2-1）。

对于线弹性杆，有：

$$\sigma = E_B \varepsilon \tag{2-18}$$

式（2-16）可改写为：

$$E_I = \frac{1}{2}A_B C_B E_B T \varepsilon_I^2 \tag{2-19}$$

与反射波和透射波分别相关的弹性应变能 E_R 和 E_T 可通过类似的推导过程计算出来：

$$E_R = \frac{1}{2}A_B C_B E_B T \varepsilon_R^2 \tag{2-20}$$

$$E_T = \frac{1}{2}A_B C_B E_B T \varepsilon_T^2 \tag{2-21}$$

杆中弹性应变能对试件变形的贡献为：

$$\delta_E = E_I - E_R - E_T = \frac{1}{2}A_B C_B E_B T(\varepsilon_I^2 - \varepsilon_R^2 - \varepsilon_T^2) \tag{2-22}$$

或者当试件处于动态应力平衡时，有：

$$\delta_E = -A_B C_B E_B T \varepsilon_R \varepsilon_T \tag{2-23}$$

因为反射应变 ε_R 的符号与入射应变和透射应变的符号相反，可以看到在式 (2-23) 中的能量差 δ_E 为正。

现在我们考虑动能的贡献。在入射波到达后入射杆的动能 K_I 可表示为：

$$K_I = \frac{1}{2}mv_I^2 \tag{2-24}$$

式中，m、v_I 分别为入射杆中变形部分的质量和质点速度，有：

$$m = \rho_B A_B C_B T \tag{2-25}$$

$$v_I = C_B \varepsilon_I \tag{2-26}$$

式 (2-24) 可因此重写为：

$$K_I = \frac{1}{2}\rho_B A_B C_B^3 T \varepsilon_I^2 \tag{2-27}$$

与反射波和透射波相关的动能为：

$$K_R = \frac{1}{2}\rho_B A_B C_B^3 T \varepsilon_R^2 \tag{2-28}$$

$$K_T = \frac{1}{2}\rho_B A_B C_B^3 T \varepsilon_T^2 \tag{2-29}$$

动能对试件变形的贡献为：

$$\delta_K = K_I - K_R - K_T = \frac{1}{2}\rho_B A_B C_B^3 T(\varepsilon_I^2 - \varepsilon_R^2 - \varepsilon_T^2) \tag{2-30}$$

或者当试件处于应力平衡时，有：

$$\delta_K = -\rho_B A_B C_B^3 T \varepsilon_R \varepsilon_T \tag{2-31}$$

对于线弹性杆，有：

$$E_B = \rho_B C_B^2 \tag{2-32}$$

式 (2-31) 变为

$$\delta_K = -A_B E_B C_B T \varepsilon_R \varepsilon_T \tag{2-33}$$

可见式（2-33）和式（2-23）的形式相同。

如果假设试件具有立项塑性响应，试件变形能可简化为：

$$E_s = A_s L_s \sigma_y \varepsilon_p \tag{2-34}$$

式中，A_s、L_s 分别为试件的初始横截面积和长度；σ_y、ε_p 分别为试件的屈服强度和塑性应变，有：

$$\sigma_y = \frac{A_B}{A_s} E_B \varepsilon_T \tag{2-35}$$

$$\varepsilon_p = \dot{\varepsilon} T = -2 \frac{C_B}{L_s} \varepsilon_R T \tag{2-36}$$

式（2-36）是基于试件的恒应变率变形而获得的。因此，式（2-34）可表示为：

$$E_s = -2 A_B E_B C_B T \varepsilon_R \varepsilon_T = 2\delta_E = 2\delta_K \tag{2-37}$$

式（2-37）表明杆中弹性应变能为试件变形提供了 1/2 的能量，而另 1/2 的能量则来自入射动能。此分析没有包括试件中的动能。

参 考 文 献

［1］ Hopkinson J. Further experiments on the rupture of iron wire ［J］. Proc. Literary and Philosophical Society of Manchester, 1872, 1: 119~121.

［2］ Hopkinson B X. A method of measuring the pressure produced in the detonation of high, explosives or by the impact of bullets ［J］. Philosophical Transactions of the Royal Society of London. Series A, Containing Papers of a Mathematical or Physical Character, 1914, 213 （497~508）: 437~456.

［3］ Landon J W, Quinney H. Experiments with the Hopkinson pressure bar ［J］. Proceedings of the Royal Society of London. Series A, Containing Papers of a Mathematical and Physical Character, 1923, 103 （723）: 622~643.

［4］ Davies R M. A critical study of the Hopkinson pressure bar ［J］. Philosophical Transactions of the Royal Society of London. Series A, Mathematical and Physical Sciences, 1948, 240 （821）: 375~457.

［5］ Kolsky H. An investigation of the mechanical properties of materials at very high rates of loading ［J］. Proceedings of the Physical Society. Section B, 1949, 62 （11）: 676.

［6］ Krafft J M, Sullivan A M, Tipper C F. The effect of static and dynamic loading and temperature on the yield stress of iron and mild steel in compression ［J］. Proceedings of the Royal Society of London. Series A. Mathematical and Physical Sciences, 1954, 221 （1144）: 114~127.

［7］ Hauser F E, Simmons J A, Dorn J E. Strain rate effects in plastic in plastic wave propagation ［J］. Interscience, 1961: 93~114.

［8］ Lindholm U S. Some experiments with the split hopkinson pressure bar ［J］. Journal of the

Mechanics and Physics of Solids, 1964, 12 (5): 317~335.

[9] Follansbee P S. The Hopkinson bar [J]. Metals Handbook, 1985, 8 (9): 198~217.

[10] Gray III G T. Classic split Hopkinson pressure bar testing [J]. ASM Handbook, 2000, 8: 462~476.

[11] Nemat-Nasser S. Introduction to high strain rate testing [J]. ASM Handbook, 2000, 8: 427~428.

[12] Subhash G, Ravichandran G. Split-Hopkinson pressure bar testing of ceramics [J]. Materials Park, OH: ASM International, 2000, 2000: 497~504.

[13] Field J E, Walley S M, Proud W G, et al. Review of experimental techniques for high rate deformation and shock studies [J]. International Journal of Impact Engineering, 2004, 30 (7): 725~775.

[14] Gama B A, Lopatnikov S L, Gillespie Jr J W. Hopkinson bar experimental technique: A critical review [J]. Appl. Mech. Rev., 2004, 57 (4): 223~250.

[15] Song B, Connelly K, Korellis J, et al. Improved Kolsky-bar design for mechanical characterization of materials at high strain rates [J]. Measurement Science and Technology, 2009, 20 (11): 115701.

[16] Song B, Chen W, Liu Z, et al. Compressive properties of epoxidized soybean oil/clay nanocomposites [J]. International Journal of Plasticity, 2006, 22 (8): 1549~1568.

3　岩石中的应力波

3.1　应力波的基本概念

3.1.1　应力波的产生

当外载荷作用于可变形固体的局部表面时，一开始只有那些直接受到外载荷作用的表面部分的介质质点因变形离开初始平衡位置。由于这部分介质质点与相邻介质质点发生了相对运动，必然将受到相邻介质质点所给予的作用力（应力），同时表面质点也给相邻介质质点以反作用力，因而使它们离开平衡位置而运动起来。由于介质质点的惯性，相邻介质质点的运动将滞后于表面介质质点的运动。依此类推，外载荷在表面上引起的扰动将在介质中逐渐由近及远传播出去。这种扰动在介质中由近及远的传播即是应力波。其中的扰动与未扰动的分界面称为波阵面，而扰动的传播速度称为波速。

实际上，引起应力波的外载荷都是动态载荷。所谓动态载荷（也称动载荷）指的是其大小随时间而变的载荷，载荷随时间的变化速度用应变率描述。根据应变率的不同，可按表 3-1 对外加载荷进行分类。

表 3-1　不同加速率的荷载状态

应变率/s	$<10^{-5}$	$10^{-5} \sim 10^{-1}$	$10^{-1} \sim 10^{1}$	$10^{1} \sim 10^{3}$	$>10^{4}$
荷载状态	蠕变	静态	准动态	动态	超动态
加载手段	蠕变试验机	普通液压或刚性伺服试验机	气动快速加载机	霍普金森压杆或其改型装置	轻气炮或平面波；发生器或电磁轨道炮
动静明显区别	惯性力可忽略		惯性力不可忽略		

3.1.2　应力波分类

应力波有多种分类方法，依据不同的特性指标，可对应力波进行不同的分类[1]。

（1）按物理实质分类。波的基本类型有纵波（P 波、胀缩波）和横波

（S 波、畸变波）。它们的速度分别为 V_P 和 V_S。P 波的质点振动方向与波阵面行进方向平行，S 波的质点振动方向则与波阵面行进方向垂直。

（2）按与界面的相互作用分类。在与界面相互作用时，纵波 P 保持原来的特性，但 S 波却不同。为了研究方便，把横波 S 分为两个分量或两种类型的波，即 SH 波和 SV 波。

（3）按与界面相互作用形成的面波分类。

1）表面波——与自由表面有关，常见的有：Rayleigh 波，出现在弹性半空间或弹性分层半空间的表面附近；Love 波，系由弹性分层半空间中的 SH 波叠加所形成。

2）界面波——沿两介质的分界面传播，通常称为 Stonely 波。

（4）按与介质不均匀性及复杂界面相联系的波分类。

1）弹性波遇到一定形状的物体时，要发生绕射现象，并形成绕射波，或称为衍射波。

2）弹性波遇到粗糙界面或介质内不规则的非均匀结构时，可能出现散射，并形成散射波。

（5）按弥散关系 $c(k) = w(k)/k$（$c(k)$ 和 $w(k)$ 分别是波数 k 的简谐波的相速度和圆频率）分类。

1）如果 $c(k)$ 是实函数，且正比于 k，则相速度 $c(k)$ 与波数 k 无关。这样的系统是简单的，此时波动在传播过程中相速度不变，形状不变，故称这样的波动为简单波或者是非弥散非耗散波。

2）如果 $w(k)$ 是关于 k 的非线性实函数，即 $w(k) \neq 0$，则系统是弥散的。在此情况下不同波数的简谐波具有不同的传播速度。于是初始扰动的波形随着时间的推移将发生波形歪曲，这样的波称为弥散波。弥散波又分为物理弥散和几何弥散。前者是由介质特性引起的，后者是由几何效应引起的。

3）如果 $w(k)$ 是复函数，则波的相速度由 $w(k)/k$ 的实部给出。在此条件下产生的波既有弥散效应又有耗散效应，称为耗散波。

（6）按应力波中的应力大小的波分类。如果应力波中的应力小于介质的弹性极限，则介质中传播弹性扰动，形成弹性波，否则将出现弹塑性波；若介质为黏性介质，视应力是否大于介质的弹性极限，将出现黏弹性波或黏弹塑性波。弹性波通过后，介质的变形能够完全恢复，弹塑性波则将引起介质的残余变形，黏弹性波或弹塑性波引起的介质变形将有一段时间滞后。

（7）按波阵面几何形状进行的波分类。根据波阵面的几何形状，应力波可分为平面波、柱面波和球面波。一般认为，平面波的波源是平面载荷，柱面波的波源是线载荷，而球面波的波源是点载荷。

（8）按波动方程自变量个数进行的波分类。根据描述应力波波动方程的自变量个数，应力波可分为一维应力波、二维应力波和三维应力波。

另外，应力波还可分为入射波、反射波和透射波、加载波和卸载波，以及连续性波和间断波等。

3.1.3　应力波方程的求解方法

根据问题难易程度及特点，发展了各种相应的求解应力波的解析法、半解析法、近似数值解法等。这里简要介绍一些常见方法[2]。

（1）波函数展开法。该方法的思想是将位移场 u 分解成无旋场和旋转场，并分别满足相应的波动标量方程与矢量方程。它的实质是一种分离变量解法，关键是如何求解标量方程与矢量方程。这种方法适用于求解均匀各向同性介质中弹性波二维、三维问题和柱体、球体中的波动问题。对于各向异性和不均匀介质，则因无法分离变量而难以采用此种方法。

（2）积分方程法。如果研究的波动问题涉及扰动源，可用积分方程法求解。积分方程表达式可以通过格林函数方法和变分方法推导而得，其实质是把域内问题转化为边界问题进行求解。求解问题的关键在于格林函数的确定。该方法对于求解均匀各向异性问题是有效的，对不均匀介质，因格林函数是未知的而不能求解。此方法是近似理论如有限元法和边界元法的基础。

（3）积分变换法。该法的思路是把原函数空间中难以求解的问题进行变换，化为函数空间较简单的问题去求解，然后进行逆变换最后得到问题的解。此法难点在于逆变换很难找到精确解。积分变换类型是多种多样的，常见的有 Laplace 变换、Fourier 变换、Hankel 变换，这一方法常用于求瞬态波动问题，对于非线性问题则无能为力。

（4）广义射线法。该法是研究层状介质中弹性瞬态波动的有效方法，在地球物理学研究中有广泛的应用。其优点在于有明显的物理特征：它是将由波源发出而在某一瞬时到达接收点的波分解为直接到达、经一次反射到达、经二次反射到达……经 N 次反射到达（N 可由波动的路径、历时 t 及波速确定）的波叠加而得，清晰地反映了瞬态波的变化过程。

（5）特征线法。特征线法实质上是基于沿特征线的数值积分。该法对研究应力波问题有特殊的意义，因为特征线实际上就是扰动传播或波行进的路线。找到了特征线，就有了问题的解，而且可以给出清晰的图像。特征线法对线性、非线性问题都较为有效，它已成为应力波研究的经典方法。大体上说，特征线法有其独特的优点，理论体系便于应用到二维和三维动问题中，求解起来方便可靠，有较好的数值稳定性。

（6）其他方法。波动问题的不断发展，研究领域的不断扩大，问题复杂程度的不断提高，迫使人们研究更多、更新的方法，特别是用数值方法来解决相应的问题。目前应用较成熟的有 T-矩阵法、谱方法和波慢度法、反射率法、有限差分法、有限元法、边界元法、摄动法和小波变换法等，它们都在各种具体问题的研究中发挥着作用。

3.1.4 应力波理论的应用

应力波知识的大量积累开辟了应力波在自然探索和技术开发等方面应用的广阔前景。在武器效应、航空航天工程、国防工程、矿山及交通工程、爆破工程、安全防护工程、地震监测、石油勘探、水利工程、建筑工程及机械加工等诸多领域都可以找到它的用武之地；应力波打桩、应力波探矿及探伤、应力波铆接等甚至正在发展为专门的技术。不仅如此，应力波的研究将会在缺陷的探测和表征、超声传感器性能描述、声学显微镜的研制、残余应力的超声测定、声发射等技术领域的研究中发挥其潜力。此外，应力波理论研究还是当前固体力学中极为活跃的前沿课题之一，是现代声学、地球物理学、爆炸力学和材料力学性能研究的重要基础[3,4]。

3.2 无限介质中的弹性应力波方程

受动载荷作用的物体或处于静载荷作用初始阶段的物体，内部的应力、变形、位移不仅是位置的函数，而且还将是时间的函数。在建立平衡方程时，除考虑应力、体力外，还需要考虑由于加速度而产生的惯性力。以 u、v、w 表示位移，ρ_0 表示密度，则相应的惯性力密度分量为[5]：

$$\rho_0 \frac{\partial^2 u}{\partial t^2} 、 \rho_0 \frac{\partial^2 v}{\partial t^2} 、 \rho_0 \frac{\partial^2 w}{\partial t^2} \tag{3-1}$$

于是，可以写出动态平衡方程：

$$\frac{\partial \sigma_x}{\partial x} + \frac{\partial \gamma_{yx}}{\partial y} + \frac{\partial \gamma_{zx}}{\partial z} + F_x = \rho_0 \frac{\partial^2 u}{\partial t^2} \tag{3-2}$$

$$\frac{\partial \sigma_y}{\partial y} + \frac{\partial \gamma_{zy}}{\partial z} + \frac{\partial \gamma_{xy}}{\partial x} + F_y = \rho_0 \frac{\partial^2 u}{\partial t^2} \tag{3-3}$$

$$\frac{\partial \sigma_z}{\partial z} + \frac{\partial \gamma_{xz}}{\partial x} + \frac{\partial \gamma_{yz}}{\partial y} + F_z = \rho_0 \frac{\partial^2 u}{\partial t^2} \tag{3-4}$$

它与几何方程、物理方程联立，即得弹性动力学问题的基本方程。

式（3-2）~式（3-4）中，含有位移分量，一般宜采用位移法求解。为此，利用几何方程和物理方程，并略去体力，可将式（3-2）~式（3-4）化为按位移法求解动力问题所需的基本微分方程：

$$\frac{E}{2(1+\mu)\rho_0}\left(\frac{1}{1-2\mu}\frac{\partial e}{\partial x} + \nabla^2 u\right) = \frac{\partial^2 u}{\partial t^2} \tag{3-5}$$

$$\frac{E}{2(1+\mu)\rho_0}\left(\frac{1}{1-2\mu}\frac{\partial e}{\partial y} + \nabla^2 v\right) = \frac{\partial^2 v}{\partial t^2} \tag{3-6}$$

$$\frac{E}{2(1+\mu)\rho_0}\left(\frac{1}{1-2\mu}\frac{\partial e}{\partial z} + \nabla^2 w\right) = \frac{\partial^2 w}{\partial t^2} \tag{3-7}$$

其中：

$$\nabla^2 = \frac{\partial^2}{\partial x^2} + \frac{\partial^2}{\partial y^2} + \frac{\partial^2}{\partial z^2} \tag{3-8}$$

$$e = \frac{\partial u}{\partial x} + \frac{\partial v}{\partial y} + \frac{\partial w}{\partial z} \tag{3-9}$$

取位移势函数 $\psi = \psi(x, y, z, t)$ 得：

$$u = \frac{\partial \psi}{\partial x}, \quad v = \frac{\partial \psi}{\partial y}, \quad w = \frac{\partial \psi}{\partial z} \tag{3-10}$$

由于旋转量：

$$\theta_z = \frac{1}{2}\left(\frac{\partial v}{\partial x} - \frac{\partial u}{\partial y}\right) = \frac{1}{2}\left(\frac{\partial^2 \psi}{\partial yx} - \frac{\partial^2 \psi}{\partial xy}\right) = 0 \tag{3-11}$$

同理，旋转量 $\theta_x = \theta_y = 0$，因此式（3-10）表示的位移为无旋位移。相应于这种状态的弹性波称为无旋波。

根据式（3-10），有：

$$e = \frac{\partial u}{\partial x} + \frac{\partial v}{\partial y} + \frac{\partial w}{\partial z} = \nabla^2 \psi \tag{3-12}$$

$$\frac{\partial e}{\partial x} = \frac{\partial}{\partial x}\nabla^2 \psi = \nabla^2 \frac{\partial \psi}{\partial x} = \nabla^2 u \tag{3-13}$$

同理：

$$\frac{\partial e}{\partial y} = \nabla^2 v, \quad \frac{\partial e}{\partial z} = \frac{\partial}{\partial x}\nabla^2 w \tag{3-14}$$

将以上各式依次代入式（3-5）~式（3-7），经化简即得无旋波的波动方程：

$$\frac{\partial^2 u}{\partial t^2} = c_1^2 \nabla^2 u, \quad \frac{\partial^2 v}{\partial t^2} = c_1^2 \nabla^2 v, \quad \frac{\partial^2 w}{\partial t^2} = c_1^2 \nabla^2 w \tag{3-15}$$

无旋波的波速为：

$$c_1 = \sqrt{\frac{E(1-u)}{(1+u)(1-2u)\rho_0}} \tag{3-16}$$

无旋波不会引起其通过介质的旋转，只会引起介质的拉伸（膨胀）或压缩。

无旋波不会引起介质形状的改变，只会引起体积的变化，因此无旋波也称胀缩波，因其引起的介质质点运动方向与波的行进方向平行，故又称为纵波。

另外，如果设弹性物体中发生的位移 u、v、w 满足：

$$e = \frac{\partial u}{\partial x} + \frac{\partial v}{\partial y} + \frac{\partial w}{\partial z} \qquad (3-17)$$

则这样的位移为等容位移，相应于这种状态的弹性波称为等容波。将式（3-17）代入式（3-5）~式（3-7），得等容波的波动方程：

$$\frac{\partial^2 u}{\partial t^2} = c_2^2 \nabla^2 u, \quad \frac{\partial^2 v}{\partial t^2} = c_2^2 \nabla^2 v, \quad \frac{\partial^2 w}{\partial t^2} = c_2^2 \nabla^2 w \qquad (3-18)$$

其中式（3-19）称为等容波波速：

$$c_2 = \sqrt{\frac{E}{2(1 + u)\rho_0}} = \sqrt{\frac{G}{\rho_0}} \qquad (3-19)$$

与无旋波不同，等容波引起介质形状改变，不会导致介质体积变化。等容波也称畸变波、剪切波及横波。

比较式（3-16）与式（3-19）知：

$$\frac{c_1}{c_2} = \sqrt{\frac{2(1 - u)}{1 - 2u}} \qquad (3-20)$$

由于岩石的泊松比一般为 $u = 0.2 \sim 0.45$，故知 $c_1/c_2 = 1.63 \sim 3.32$。于是得知，岩石中的弹性纵波速度大于横波速度，一般可以认为 $c_1 = 2c_2$。在工程中，进行波动监测时，首先监测到的是纵波，而后才监测横波，其原因正在于此。

无旋波和等容波是弹性波的两种基本形式。它们的波动方程可以统一写为：

$$\frac{\partial^2 \varphi}{\partial t^2} = c^2 \nabla^2 \varphi \qquad (3-21)$$

式中，c 为弹性波波速度；φ 为位移分量和时间的函数，表示为 $\varphi (x, y, z, t)$。对无旋波，$c = c_1$；对等容波，$c = c_2$。并且可以证明：在弹性体中，应力、变形等都将和位移以相同的方式与速度进行传播。

3.3 一维长杆中的应力波

3.3.1 描述运动的坐标系

研究物质的运动，总是要在一定的坐标系里进行的。对于波动问题，可供选择的坐标系有两种：拉格朗日（Lagrange）坐标和欧拉（Euler）坐标。

拉格朗日坐标也称物质坐标，采用介质中固定的质点来观察物质的运动，所研究的是在给定的质点上各物理量随时间的变化，以及这些物理量由一质点转到其他质点时的变化。而欧拉坐标则是在空间固定点来观察物质的运动，所研究的是在给定的空间点以不同时刻到达的不同质点的物理量随时间的变化，以及这些量由一空间点转到其他空间点时的变化。

在拉格朗日坐标中，质点的位置 X（也可表示质点本身）是空间点坐标 x 和时间 t 的函数，即 $X=X(x,t)$。在欧拉坐标中，介质的运动表现为不同的质点在不同时刻占据不同的空间点坐标 x，于是有 $x=x(X,t)$。

特定质点 X 运动的速度写为：

$$v = \left(\frac{\partial x}{\partial t}\right)_X \tag{3-22}$$

式（3-22）表示跟随同一质点观察到的空间位置的变化率，称为随体微商或物质微商。如果在欧拉坐标中观察物质的波动，设时刻 t 波阵面传到空间 x，以 $x=\varphi(t)$ 表示波阵面在欧拉坐标中的传播规律，则式（3-23）称为欧拉波速或空间波速：

$$c = \left(\frac{\mathrm{d}x}{\mathrm{d}t}\right)_W \tag{3-23}$$

式（3-22）和式（3-23）有不同的物理意义，前者表示的是质点在空间中的速度，后者表示波阵面在空间的速度。类似地，在拉格朗日坐标中，假定在时刻波阵面传到质点 X，以 $X=\varphi(t)$ 表示波阵面在拉格朗日坐标中的运动规律，则式（3-24）称为拉格朗日或物质波速：

$$C = \left(\frac{\mathrm{d}X}{\mathrm{d}t}\right)_W \tag{3-24}$$

一般来说，这两种波速是不同的，除非波阵面前方的介质静止且无变形。

在一维运动中，有：

$$\left(\frac{\partial x}{\partial X}\right)_t = 1 + \varepsilon \tag{3-25}$$

式中，ε 为名义应变或工程应变。

如果跟随波阵面来考察某物理量 ψ 的变化，在拉格朗日坐标中，有：

$$\left(\frac{\mathrm{d}\psi}{\mathrm{d}t}\right)_W = \left(\frac{\mathrm{d}\psi}{\mathrm{d}t}\right)_X + \left(\frac{\partial \psi}{\partial X}\right)_t \frac{\partial X}{\partial t} = \left(\frac{\mathrm{d}\psi}{\mathrm{d}t}\right)_X + C\left(\frac{\partial \psi}{\partial X}\right)_t \tag{3-26}$$

若 ψ 具体指空间坐标 x，则：

$$\left(\frac{\mathrm{d}x}{\mathrm{d}t}\right)_W = \left(\frac{\mathrm{d}x}{\mathrm{d}t}\right)_X + c\left(\frac{\partial x}{\partial X}\right)_t \tag{3-27}$$

于是，可推得平面波条件下的空间波速与物质波速有如下关系：

$$c = v + (1+\varepsilon)C \tag{3-28}$$

3.3.2　一维应力波的基本假定

研究一维等截面均匀长杆的纵向波动，通常在拉格朗日中进行。为使问题得到简化, 需要做如下两个基本假设。

第一基本假设: 杆截面在变形过程中保持为平面, 截面内只有均布的轴向应力。从而使各运动参量都只是 X 和 t 的函数, 问题化为一维问题。这时, 位移 u、应变 $\varepsilon \left(\varepsilon = \dfrac{\partial u}{\partial x} \right)$、质点速度 $v \left(v = \dfrac{\partial u}{\partial t} \right)$ 等均直接表示 X 方向的分量。

第二基本假设: 将材料的本构关系限于应变率无关理论, 即认为应力只是应变的单值函数, 不计入应变率对应力的影响。这样, 材料的本构关系可写为:

$$\sigma = \sigma(\varepsilon) \tag{3-29}$$

3.3.3 一维杆中纵波的控制方程

取变形前 ($t=0$ 时) 一维杆材料质点的空间位置为物质坐标, 杆轴为 X 轴, 如图 3-1 所示。杆变形前的原始截面积为 A_0, 原始密度为 ρ_0, 材料性能参数均与坐标无关, 于是可以得到一维杆波动的基本方程 (控制方程), 包括质量守恒方程或连续方程、动量守恒方程或动力学方程和材料本构方程或物性方程。

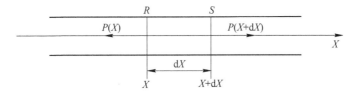

图 3-1 一维杆中的应力波

根据基本假设, 应变 ε 和质点速度 v 分别是位移 u 对 X, t 的一阶导数, 由位移 u 的单值连续条件 $\dfrac{\partial^2 u}{\partial X \partial t} = \dfrac{\partial^2 u}{\partial t \partial X}$ 可得到连续方程 ε 或 v 之间的相容性方程:

$$\frac{\partial v}{\partial X} = \frac{\partial \varepsilon}{\partial t} \tag{3-30}$$

另外, 在图 3-1 中的长度为 $\mathrm{d}X$ 的微元体上, 截面 R 作用有总力 $P(X, t)$, 而截面 S 作用的总力为:

$$P \left[X + \mathrm{d}X, \ t = P(X, \ t) + \frac{\partial P(X, \ t)}{\partial X} \mathrm{d}X \right] \tag{3-31}$$

根据牛顿第二定律, 得:

$$P \left[X + \mathrm{d}X, \ t - P(X, \ t) = \frac{\partial P(X, \ t)}{\partial X} \mathrm{d}X \right] = \rho_0 A_0 \mathrm{d}X \frac{\partial v}{\partial t} \tag{3-32}$$

将名义应力 $\sigma = \dfrac{P}{A_0}$ 代入, 并经整理即得动量守恒方程:

$$\rho_0 \frac{\partial v}{\partial t} = \frac{\partial \sigma}{\partial X} \tag{3-33}$$

本构方程由第二基本假设已经得到，由式（3-29）给出。这样便得到了关于变量 σ、ε 和 v 的封闭控制方程（3-29）~方程（3-33）组成的控制方程组。求解一维杆中纵向应力波的问题就是从这些基本方程，按给定的初始条件和边界条件，找出三个未知函数 $\sigma(X, t)$、$\varepsilon(X, t)$ 和 $v(X, t)$。一般地，$\sigma(\varepsilon)$ 是连续可微的，令：

$$C^2 = \frac{1}{\rho_0} \frac{\mathrm{d}\sigma}{\mathrm{d}\varepsilon} \tag{3-34}$$

则由式（3-29）、式（3-30）消去 ε，得：

$$\frac{\partial \sigma}{\partial t} = \rho_0 C^2 \frac{\partial v}{\partial X} \tag{3-35}$$

由式（3-29）、式（3-33）消去 σ，得：

$$\frac{\partial v}{\partial t} = C^2 \frac{\partial \varepsilon}{\partial X} \tag{3-36}$$

于是一维杆中的应力波问题化为求解由式（3-33）和式（3-35）构成的关于 σ 和 v 的一阶微分方程组或由式（3-30）和式（3-36）构成的关于 ε 和 v 的一阶微分方程组。

将 $\varepsilon = \dfrac{\partial u}{\partial X}$ 和 $v = \dfrac{\partial u}{\partial t}$ 代入式（3-36），于是一维杆中的应力波问题又可归结为求解以 u 为未知函数的二阶微分方程：

$$\frac{\partial^2 u}{\partial t^2} - C^2 \frac{\partial^2 u}{\partial X^2} = 0 \tag{3-37}$$

这里的二阶微分方程与一阶微分方程组是完全等价的。

参 考 文 献

[1] 宋守志. 固体介质中的应力波 [M]. 北京：煤炭工业出版社，1989.

[2] 李永池. 波动力学 [M]. 合肥：中国科学技术大学出版社，2015.

[3] 丁启财. 固体中的非线性波 [M]. 北京：国防工业出版社，1985.

[4] 李青锋，缪协兴. 基于应力波理论的锚杆支护无损检测机理与应用实践 [M]. 南京：东南大学出版社，2015.

[5] Herbert Kolsky, William Prager. Stress Waves in Anelastic Solids [M]. Springer, Berlin, Heidelberg, 1963.

4 分形理论

4.1 概 述

正如 17 世纪英国的学者 Bentley．R 所说的那样，在我们所生活的绚丽世界里存在着天然的不规则性，崎岖蜿蜒的海岸线、高低不平的山峦、宇宙中分布不均的星座，但这些并非是大自然的不规则性，只不过是我们所认为的那样。所以在无序复杂的不规则中找出科学的有序性是多年来分形几何学的研究目标，分形几何与传统的几何学相比具有以下特点：

（1）从事物的整体来看，分形几何的图形大多为不规则的。

（2）从不同的尺度上分析来看，这种图形的不规则又是具有相似性，局部的不规则与事物的整体又具有一定的相似性。

分形，一词其最早是由 Benoit B. Mandelbrot 所提出的，该词的来源为拉丁语形容词（fractus），词语的本身含义为打破和产生的不规则的碎块，所以对于分形理论来说主要是为了研究自然界存在的不规则的事物而诞生的[1,2]。

目前，分形理论是研究非线性科学的重要理论，同时作为新兴的研究手段，大量的研究人员也将该理论应用于实践中。包括对分形几何图形的艺术应用以及对自然界复杂的不规则现象的研究探索，分形也成为一种数学上的统计工具，应用于各种计算的辅助分析中。随着研究的不断深入，也将分形理论应用于量化岩石破碎的损伤和混凝土在冲击荷载下的动态损伤。

4.2 分形定义

Benoit B. Mandelbrot 将分形概念由直观转化为数学概念对基本分形在维数上不一致的事实进行了重新解释。对此他将拓扑维定义为 D_T，将 1919 年 Hausdorff 提出并由伯希科维奇将最终形式给出的维数定义为 D，则认为分形有以下定义：

（1）将分形定义为 D 维数严格大于拓扑维数的集合即（$D>D_T$），同时认为 D 不必是整数可以为分数，将 D 称为分形维数，简称"分维"。

（2）将局部与整体以某种形式相似的形称为分形。

目前部分学者对分形的定义进行了进一步的解释与修正[3]，1989 年英国数学家 Falconer 对分形提出了其他定义，认为可以借助生物中对生命的定义方法，在生物中对生命没有进行明确严格的定义。只是将其看作某种性质的集合，如认为"生命"则是具有运动能力、繁殖能力、较强的适应环境能力、应激性等一系列特征。所以 Falconer 对分形的定义又做了补充，认为分形满足以下特点：

（1）认为分形具有无限可分性，即在任意小的尺度范围下都具有一定的比例细节。

（2）认为分形是复杂且不规则的，它既不是满足某些条件的点的轨迹，也不是某些简单方程的解集，所以分形集无法用传统的几何语言进行相关描述。

（3）分形集具有某种自相似性。

（4）认为分形集的"分形维数"其严格大于它相应的拓扑维数。

（5）在某些情况下，可以采用比较简单的形式对其进行定义，分形可能通过变换的迭代得到。

由上述内容我们可以知道分形具有复杂的无规则性，数学家们对于分形的定义或许在自然界中很难达到，它们所拥有的形态更加复杂无规则性，到我们的观测尺度变得足够精细时，其原有的分形特征会消失，或者在一定的尺度范围内其呈现多种不同的类似分形的特征。

在数学模型中存在具有完全相似的分形图形，以下为具有分形特征的经典数学模型。

（1）科赫曲线（Koch）。1904 年 Von Koch 首次建立了科赫（Koch）曲线模型[4]，它的图形外观构造类似于自然界雪花的结构，图 4-1 为科赫曲线的示意图。Koch 曲线的构造步骤是：步骤一，将长度为 1 个单位的直线段进行三等分，将两侧长为 1/3 的直线段进行保留，然后将中间的线段改为两条长度相等的线段，并且它们的夹角为 60°，将这两条线段与两侧的直线段相连；步骤二，将步骤一得到的四段边长 1/3 的线段再进行三等分，此时所得到的每条线段为 1/9，

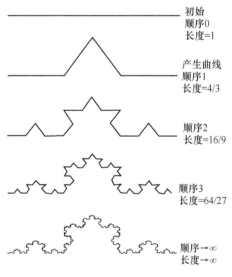

图 4-1　科赫曲线

将中间的线段重复上述进行步骤一中的操作；步骤三，重复上述操作过程，直至无穷，便可得到科赫曲线。

（2）谢尔宾斯基垫片构造。1915 年由波兰数学家谢尔宾斯基提出了该模型结构[5]，图 4-2 为该结构的图形，该构造图形的初始为一个正三角形，将这个正三角形进行四等分从而使原始的正三角形变为四个等分的正三角形，然后去掉中间的小正三角形，保留其他三个正三角形，然后再在其余的三个正三角形重复上述操作，谢尔宾斯基垫片构造正是上述操作的无限重复的极限结果。

图 4-2　谢尔宾斯基垫片构造

（3）康托尔三分集。德国数学家康托尔在 1883 年通过数学概念构造了一个特殊集合：在该集合的构造中，第一步构造一个 {0，1} 的集合，然后将其三等分去掉中间的 1/3 部分，构成两个集合 $C_1 = \{0，1/3\} \cup \{2/3，1\}$；第二步将这两个集合分别进行三等分，再去除中间的 1/3 部分，便可得到集合 $C_2 = \{0，1/9\} \cup \{2/9，1/3\} \cup \{2/3，7/9\} \cup \{8/9，1\}$，重复上述步骤 n 次将 n 取极限便可得到 $C = \lim_{n \to \infty} C_n = \bigcap_{n=0}^{\infty} C_n$，将构造的集合 C 称为康托尔三分集[6,7]，图 4-3 为康托尔三分集的结构示意图。

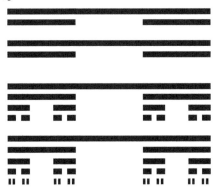

图 4-3　康托尔三分集的构造

4.3　分形的基本特征

分形结构具有多个基本的特征。

4.3.1　自相似性

对于在直线、平面和空间的均匀分布具有两个重要的特性，即在位移变化下的不变性和尺度变换的不变性。通过对上述两种不变性的修正和界限的重新界定，我们将几何相似性下不变的分形，称为相似性，所以对于分形的结构来说在不同的空间和尺度下看都是具有相似性的，认为其标度区具有对称性，对于自相似系统结构来说作为一种定量性质存在。对于分形来说它的分形维数不会由于放大和缩小而发生改变。

目前，我们认为自相似性分为完全自相似性的分形和自然界的分形，完全自相似性的分形是由数学家创造出的数学模型，如上述的三种经典的几何分形结构都为完全自相似性。还有一种分形为自然界存在的，如自然界中蜿蜒曲折的海岸线、高低不平的山丘、天空中错落的繁星等相比于完全自相似结构，它们在直观内的感受中并没有表现出明显的自相似性，认为只有在一定的尺度范围内该类结构才具备一定的相似性，它们具有统计意义下的自相似性，通常称为随机分形或无规则分形。

4.3.2　无标度性

对具有分形性质的对象随机选取其局部区域进行研究，由于其自身的自相似性，通过对该选取局部区域进行放大，得到的放大图将显示原始的形状特性。其形态、内在的复杂程度、不规则性等其他特征与原始图像相比没有明显变化，这种特征被称为无标度性。

4.3.3　分形维数

分形维数涉及数学集合与自然对象之间的关系，同时分形维数是分形重要的参量，在欧几里得几何中人们习惯将直线、曲线看作一维，平面或球面为二维，空间的立体为三维。然而 Benoit B. Mandelbrot 对分形维数有了新的理解，为了证明直径为 1mm 的线绕成直径为 10cm 的线球具有多个有效维数，认为当我们从远处观察线球时，其可看作一点所以此时为零维图形；当我们从较近的距离观察，在这种观察尺度下线球就是一个三维图形；当我们再近一些，则可以看到一堆一堆的线（一维）；再向微观深入，线条又变成了三维的圆柱体柱，然而在更加微观的角度下三维的圆柱又可分解成一条条的纤维，当我们用有限个像原子一样的点对小球进行表示时，则又变成了零维。因此，对于这种因观察尺度不同表现出不同的有效维数，Benoit B. Mandelbrot 认为在明确定义的维数区域之间存在某种不确定的转换时，可以被解释为其中有 $D>D_T$ 的分形区域。

所以对于分形维数来说具有多种形式，以下是主要常见的分形维数[1]。

（1）相似维数 D_s。在维数的定义中，相似维数是最容易理解并且与分形级数关系最为紧密。相似维数仅适用于具有严格自相似性的规则分形结构。如果某图形是由全体缩小 $1/a$ 的 b 个相似形所组成，即 $b=a^{D_s}$。则相似维数为：

$$D_s = \log(a)/\log(b) \tag{4-1}$$

（2）豪斯道夫维数。人们常把豪斯道夫维数是分数的物体称为分形，把此时的 D_H 值称为该分形体的分形维数。豪斯道夫维数定量地描述一个点集规则或不规则的几何尺度，同时其整数部分反映出图形的空间规模。对动力系统而言，豪斯道夫维数大体上表示独立变量的数目。目前部分研究学者将豪斯道夫维数为分数的事物称为分形，此时的 D_H 值称为该分形结构的分形维数。豪斯道夫维数定量地描述了一组点的规则或不规则的几何尺度，而整数部分则反映了图形的空间尺度。对于动力系统，豪斯道夫维数大致表示自变量的数目，豪斯道夫维数的数学形式为：

$$D_H = \lim_{\delta \to 0} \frac{\ln N(\delta)}{\ln(1/\delta)} \tag{4-2}$$

（3）信息维数 D_i。设 P_i 表示分形集的元素属于覆盖 U_i 中的概率，则信息维数为：

$$D_i = \lim_{\delta \to 0} \frac{\sum_{I=1}^{N} \ln P_i}{\ln(\delta)} \tag{4-3}$$

（4）关联维数 D_g。若分形结构中某两个点之间的距离为：

$$D_g = \lim_{\delta \to 0} \frac{\ln C(\delta)}{\ln(1/\delta)} \tag{4-4}$$

其中 $C(\delta)$ 为：

$$C(\delta) = \frac{1}{N_2} \sum H(\delta - |x_i - x_j|) \tag{4-5}$$

因为关联维数易于从实验中直接测定，所以应用广泛，它是由 PGrass-berger 和 I. Procaccia 在 1983 年提出的。

（5）容量维数 D_c。容量维数是由 Kolmogorov 提出，以包覆作为基础。用半径为 δ 的维球包覆其集合时，假定 $N(\varepsilon)$ 是球的个数的最小值，则容量维数 D_c 可定义为：

$$D_c = \lim_{\delta \to 0} \frac{\ln N(\varepsilon)}{\ln(1/\delta)} \tag{4-6}$$

D_c 大部分与 D_H 相同，但有时可以取不同的数值，一般认为 $D_c \geqslant D_H$。

（6）填充维数 D_p。1982 年 Tricot 提出了填充维数，它与豪斯道夫维数有一定的相似之处，豪斯道夫维数是由球的最小覆盖面积进行定义的，用小半径不相交球的尽可能稠密的填充所定义的维数就称之为填充维数。

（7）计盒维数 D_B。计盒数维数取决于填充尽可能密集的等半径不相交球体。K. Falconer 给出的结论认为，计盒维数表示的是一个集合可以被相同形状的小集合覆盖的效率，而豪斯道夫维数可能涉及不同形状的小集合的覆盖。由于盒维数是由同一形状集的覆盖决定的，因此它比豪斯道夫维数更易于计算，被人们广泛使用。

4.4　分形维数应用

4.4.1　研究方法

块状、片状及颗粒状是试样破坏碎屑的主要形态。这些形态在不同尺度及维度下都有着共同的统计学特征——自相似性，即把试样的每一小部分进行放大，通过联系其随机变化的大小与尺度，都和试样整体的统计分布相同。根据试样在荷载作用下破碎块度的尺寸范围，通常采用破损物长（宽、厚）度-数量、粒度-数量和粒度-质量的关系进行分形研究[8]。

（1）粒度-数量。对于粒度为中、粗粒碎屑，可采用常规测量方式，根据所测的长、宽、厚度值按长方体换算成正方体的等效边长 L_{eq}。对于不能直接测量的细粒及微粒颗粒，需要对颗粒进行筛分，以颗粒粒径作为等效边长值，采用抽样统计方法进行颗粒数量统计。按下式计算分维值：

$$N = N_0(L_{eq}/L_{eq,\ max})^{-D} \tag{4-7}$$

（2）粒度-质量。通过称量不同粒度下碎屑的质量进行分形维数计算时，利用如下公式：

$$D = 3 - \alpha \tag{4-8}$$

其中，

$$\alpha = \frac{\lg(M_r/M_t)}{\lg L_r} \tag{4-9}$$

式中，D 为试样的分形维数；α 为 M_r/M_t-L_r 在双对数坐标下的斜率值；L_r 为破损物的等效粒径；M_r 为等效粒径 $<L_r$ 的破损物累计质量；M_t 为计算尺度内破损物的总质量。

（3）长（或宽、厚）度-数量。对碎屑的长度、宽度和厚度进行测量，不规则形状按长方体进行换算。根据测量结果，按照式（4-9）中的粒度-数量分形维数计算公式，分别进行长度-累计数量、宽度-累计数量和厚度-累计数量的分形维数计算。

4.4.2 应用现状

目前，分形维数被广泛应用于混凝土的损伤断裂宏-细观力学中，混凝土的内部是由不同的气孔、微小裂隙，以及不同尺寸的骨料所构成的复杂体系，试验研究表明混凝土内部的骨料、大量的微小孔缝等细观损伤结构，在几何形状和分布状态都存在一定的自相似性。在高应变率作用下的混凝土由于冲击载荷发生剧烈变形，在外力的作用下混凝土中原有的细观损伤进一步发生破坏，在形式上表现出混凝土冲击后的宏观损伤，因此对于混凝土冲击荷载后的块度分布而言，具有一定的分形特征。

（1）混凝土集料的分形特征。混凝土自身的粗、细集料是其重要的组成部分，对于集料中的碎石、河沙来说其本身都是天然的建筑材料，形状结构具有不规则性。Diamond[9] 对混凝土断面集料的分形特征进行了研究。徐定华等对混凝土的集料级配的分形特征进行了一定的研究，李维涛等基于理论分析得到了混凝土集料的级配分形函数[10,11]：

$$\log p(r) = (3 - D)\log(r/r_{\max}) \tag{4-10}$$

式中，$p(r)$ 为骨料筛下质量比率；$r_{\max}$ 为选取筛孔的最大孔径。

（2）混凝土的孔隙分形特征。对于混凝土来说，由于集料材料的原因导致内部存在一定的缺陷，并且这些内部的孔隙结构大多是不规则无序的，其中 Li 等[12] 采用压汞法研究了混杂玄武岩-聚丙烯纤维增强混凝土的孔隙特征。研究结果表明，纤维的加入使混凝土的累积孔体积增大。虽然在过渡孔隙区没有物理特征，但在凝胶区、毛细管区和大孔隙区混杂纤维混凝土的孔隙表面分形维数依次减小。在凝胶孔和毛细管孔区域，纤维的掺入对分形维数的影响不显著；但纤维的加入导致大孔隙区的分形维数有所降低。此外，混凝土强度越大，分形维数越大，在大孔隙区域纤维对分形维数的减小作用越大。通过微观分析，认为纤维引入的气泡和纤维的弱分散是导致大孔隙结构恶化的主要原因。Han 等[13] 基于压汞法对不同强度等级混凝土的孔隙结构从孔径分布、孔容、孔比表面积和分形特征等方面进行了分析。利用海绵模型计算各组不同孔隙区域的分形维数，并建立分形维数与抗压强度之间的数学模型。结果表明，分形维数能够清晰地描述孔隙内部特征，同时与孔隙直径和孔隙比表面积具有良好的相关性。分形维数可以看作孔隙形状和孔隙结构空间分布的综合参数，可以更准确地表征微观孔隙结构特征与混凝土抗压强度的关系。

（3）混凝土破碎形态分形特征。现有的文献认为混凝土材料内部的孔隙、裂纹的分布和损伤演化符合统计上的分形，在受到冲击荷载时内部的孔隙和裂隙进一步发展，其破碎形态正是微观结构演化的宏观表现[14,15]。赵昕等[16] 对高温后的超韧水泥基复合材料的冲击破碎分形特征进行研究，认为随着冲击气压的升高其分形维数的增加呈指数式上升。尹跃刚[17]等利用分形理论对混凝土的冲击破坏进行研究，认为混凝土的动态力学性质与其分形具有密切联系，动态抗压强度随冲击破坏分维的增大呈现似线性增大现象，动态峰值应变、动态压缩韧性都随冲击破坏分维的增大呈上升趋势。

参 考 文 献

[1] Mandelbrot, Benoit B. Self-Affine Fractals and Fractal Dimension [J]. Physica Scripta, 1985, 32 (4)：257~260.

[2] 陈守吉, 凌复华. 大自然的分形几何学 [M]. 上海：上海远东出版社, 1998：7~35.

[3] 李建雄. 冲击荷载下混凝土材料损伤破坏的分形实验研究 [D]. 武汉：武汉理工大学, 2008.

[4] Koch V. Sur une courbe continue sans tangent obtenue par one construction géo métrique élémentaire [J]. Arkir für Mathematik, Astronomie och Fysik, 1904, 35 (1)：681~704.

[5] 穆青. 三种谢尔宾斯基网络演化模型及分形特征研究 [D]. 大连：大连理工大学, 2008.

[6] 沙震, 阮火军. 分形与拟合 [M]. 杭州：浙江大学出版社, 2005：11~12.

[7] 江南. 分形几何的早期历史研究 [D]. 西安：西北大学, 2018.

[8] 何满潮, 杨国兴, 苗金丽, 等. 岩爆实验碎屑分类及其研究方法 [J]. 岩石力学与工程学报, 2009, 28 (8)：1521~1529.

[9] Diamond S. Aspects of concrete porosity revisited [J]. Cem Concr Res, 1999, 29 (8)：1181~1188.

[10] 徐定华, 徐敏. 混凝土材料学概论 [M]. 北京：中国标准出版社, 2002：283.

[11] 李维涛, 孙洪泉, 邢君. 混凝土中的分形效应初探 [J]. 水利与建筑工程学报, 2004, 2 (1)：17~19.

[12] Li D, Niu D, Fu Q, et al. Fractal Characteristics of Pore Structure of Hybrid Basalt-Polypropylene Fibre-reinforced Concrete [J]. Cement and Concrete Composites, 2020, 109 (1)：103555.

[13] Han X, Wang B M, Feng J J. Relationship between fractal feature and compressive strength of concrete based on MIP [J]. Construction and Building Materials, 2022, 322：126504.

[14] 陈猛, 王瑜婷, 陶云霄, 等. 基于分形理论研究 RTSF 混凝土冲击压缩性能 [J]. 东北大学学报（自然科学版）, 2022, 43 (2)：266~273.

[15] 谢和平, 鞠杨. 混凝土微细观损伤断裂的分形行为 [J]. 煤炭学报, 1997 (6)：28~32.

[16] 赵昕, 徐世烺, 李庆华. 高温后超高韧性水泥基复合材料冲击破碎分形特征分析 [J]. 土木工程学报, 2019, 52 (2)：44~55.

[17] 尹跃刚, 许金余, 聂良学, 等. 混凝土冲击破坏的分形研究 [J]. 硅酸盐通报, 2014, 33 (5)：1159~1162, 1168.

第二部分

试验研究

5　层状复合体动力学试验研究

5.1　研究背景

近年来，随着人类社会的发展，地下开采不断向着深部探索。超深地质环境下的复杂应力条件使岩体力学性能改变，层状复合体作为典型地下岩体，研究其动态力学性能和破碎规律对凿岩掘进、矿山开拓、隧道开采和爆破等具有重大参考意义[1~6]。

目前，针对层状复合体静态力学性能的相关研究较多。Liu[7] 提出了一种利用应变计测量煤岩复合体应力应变的方法，使用三种岩石和煤单体耦合验证其效果，并提出了煤的两种本构损伤模型。Guo[8] 使用单轴压缩试验装置和 PFC2D 分析软件探究煤岩复合体的失效力学行为，通过改变围压和煤层的厚度来研究复合体的力学性能变化机制。Zuo[9] 研究了含弱煤夹层的三层复合体，通过改变围压的大小发现了开挖卸载可能发生岩爆的主要机制。He[10] 基于对层状复合体的一系列测试，研究了如何使用 EME 来表征煤层变形和破裂机制，并且提供了一种预测煤矿应力变化的方法。Song[11] 对煤单体、岩单体和复合体开展了单轴循环加载试验，研究其破坏模式、变形特征和能量演化规律。Zhao[12] 利用 PFC 软件对不同节理的层状煤岩组合体进行单、双轴压缩试验，探究节理角度和围压大小对煤岩复合体破坏特征及破坏机理的影响。Du[13] 利用三轴压缩试验装置结合数值模拟，对含气煤岩组合体进行加载试验，探究突出-岩爆耦合动力灾害的发生机理。Wang[14] 基于顶-煤-底板系统的相互作用，针对不同煤岩组合体的渐进破坏过程和声发射特征进行研究，揭示了不同煤岩组合对爆破倾向的影响。

事实上，动态载荷冲击能更好的模拟现场实际情况，比如爆破、放矿、凿岩等情况下，尖点突变应力会改变原有的静态本构模型，从而增加未知风险发生的可能性。Xie[15] 使用霍普金森压杆试验装置对四种不同比例的复合煤岩进行冲击，研究不同煤砂比下的主要破坏形式和动态力学性能变化，并使用 LS-DYNA 进行了验证。Gong[16] 采用分离式霍普金森压杆试验探索了在高应变率的情况下，煤岩组合体力学行为的变化情况，发现煤岩组合体的动态抗压强度和峰值应变都具有明显的加载速率效应。杨国香等[17] 构建了一种通过 X 方向和 XZ 方向输入正弦波的大型振动台模型，研究了强震作用下反倾层状岩质边坡的动力响应特性及破坏过程。

目前学者们基于理论分析、室内试验和数值模拟等方法，针对层状复合体的静力学和动力学性能开展了一系列研究，但冲击方向的不同对层状复合体动态力学性能和破坏机制的影响却鲜有报道。本节基于分离式霍普金森压杆装置（SHPB）对层状复合体进行不同冲击方向和冲击速度的加载试验，研究其动态力学性能变化、能量耗散规律、宏观破坏特征和细观损伤机制。研究结果可以为层状复合体破碎动力学和实际工程应用提供理论指导。

5.2　试验设计

5.2.1　层状岩体制备

　　层状岩体选取常见的煤和白砂岩，在煤矿中，砂岩常常赋存在煤层的顶板或者底板。白砂岩作为硬岩的代表，与软弱岩煤单体的复合可表征绝大多数层状岩体的力学特性。两种岩石取自河南新乡的某矿场，为保证试验样品的一致性，在地质调研后，选取一块较大的完整岩样进行一次性钻孔加工。岩样加工过程中严格按照 ISRM 建议标准[18]，两种岩石分别得到 20 个 ϕ50mm×25mm 圆盘和 2 个 ϕ50mm×100mm 标准样，断面不平行度和不垂直度在 ±0.02mm 以内。层状岩体在矿床中经过地下水和原岩应力的作用，逐渐黏结在一起，造成力学性能的变化。已有文献表明，环氧树脂作为黏合剂可以较好的模拟黏结情况下的岩石力学行为[19]。因此在控制环氧树脂用量的前提下，对两种岩体进行黏合，得到试样如图 5-1 所示。根据试样受应力波冲击的方向，将试样分为软-硬复合岩体和硬-软复合岩体，分别记作 S-H 和 H-S。

图 5-1　试样实物图

　　为了充分理解白砂岩组分和煤岩组分内部结构的差异，我们对层状岩体进行三维 CT 扫描，试验仪器采用中国天津三英公司生产的 NanoVoxel-3502E 高分辨 X 射线三维断层扫描成像系统，扫描电压 160kV、电流 45μA、分辨率 37.79μm、扫描方式为 CT 螺旋扫描、扫描帧数 1440 帧/圈、曝光时间 0.3μs、图像合并数为 2。试样微观结构扫描如图 5-2 所示。可以发现白砂岩质地紧密坚硬，煤单体含有较多杂质。

层状复合体三维图

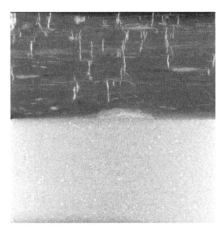

层状复合体纵切面图

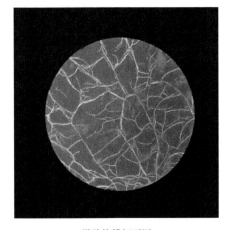

煤单体横切面图

白砂岩横切面图

图 5-2　层状复合体内部结构 CT 扫描

5.2.2　试验方案

由文献［20］可知，层状岩体在动态载荷和静态载荷的作用下，破坏机理会有一定差别。本试验采用分离式霍普金森压杆试验装置（SHPB）完成对复合岩体的动态冲击试验，借助 YAW-600 微机控制电液伺服岩石压力试验机完成对复合岩体的静力学加载试验。

分离式霍普金森压杆试验装置（SHPB）如图 5-3 所示，压杆直径为 50mm，子弹为纺锤形，冲击波波形为正弦波，入射杆和透射杆为 2.5m，材质为合金钢，密度为 $7.8 \times 10^3 \text{kg/m}^3$，弹性模量为 240GPa，纵波波速为 5200m/s。数据采集系统由北戴河 SDY2107A 超动态应变仪和 Yokowaga-DL850E 型示波器组成，计时设备采用 JXCS-02 型计时仪。

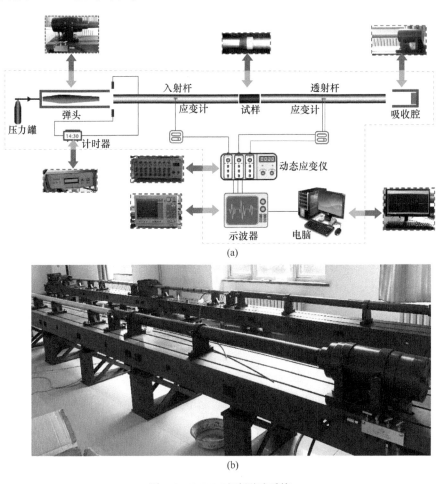

(a)

(b)

图 5-3　SHPB 试验测试系统

（a）SHPB 装置示意图；（b）试验装置实物图

　　如图 5-4 所示，应力波通过入射杆传递至试样，试样与压杆之间涂抹黄油以减少摩擦效应[21]。在试验中为了防止压杆挤压力造成的预置围压对试验结果产生影响，应使试样缓慢划入压杆之间，靠黄油间的液体张力自行固定。由于在操作中速度的控制是由纺锤形弹头的位置与冲击气压的大小共同控制，因此可能会造成与预先设定速度的偏差。

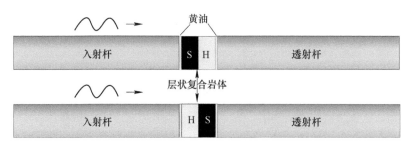

图 5-4　SHPB 冲击过程示意图

　　试验采用传统的三波法进行处理数据[22]，试验所得原始波形图如图 5-5 所示。

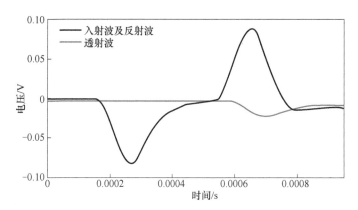

图 5-5　SHPB 试验原始波形图

　　YAW-600 微机控制电液伺服岩石压力试验机如图 5-6 所示，该试验机具有力闭环控制的电液伺服压力试验机，具有恒应力控制和载荷保持功能，试验机分为加载装置和伺服油源两部分，本次试验的加载速度设置为 100N/s，当残余应力达到 60%时停止加载。

5.2.3　试验组别设计

　　选取 4 个标准样和 6 个复合体进行静力学加载，主要用于确定 HJC 本构模型中的基本力学参数和观察静力加载与动力加载时复合体表现出的力学性能变化。

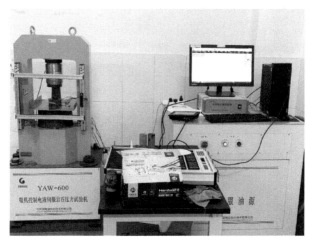

图 5-6　微机控制电液伺服岩石压力试验机

　　按试样受冲击波作用方向将复合体分为 2 组，每组 7 个，进行动载试验。共设置 3 个不同速度区间的单轴冲击试验，5~7m/s 为低速区间，共 2 个试样；7~9m/s 为中速区间，共 2 个试样；9~11m/s 为高速区间，共 2 个试样。由于 SHPB 试验具有很强的不确定性，因此每组设置 1 个层状煤岩复合体作为补充试样。层状复合体作为备选冲击样品，试验前，在层状复合体两端分别均匀涂抹少量黄油作为润滑剂，以减少断面摩擦效应的影响。试样按照冲击方向进行分组编号，以 SH-1 为例，SH 代表煤单体作为受冲击波作用的岩样靠近入射杆，1 为序号。试样具体参数见表 5-1。

表 5-1　层状煤岩复合体试样具体参数

组号	试样编号	直径 ϕ/mm	质量 m/g	表观密度 $\rho/kg \cdot m^{-3}$	纵波波速 $v/m \cdot s^{-1}$	设计速度 $v/m \cdot s^{-1}$
1	SH-1	50.3	198	2004.78	2065	低速
	SH-2	50.4	198	2000.80	2100	低速
	SH-3	50.0	189	1925.14	1985	中速
	SH-4	50.5	195	1966.59	2085	中速
	SH-5	50.0	190	1935.32	2190	高速
	SH-6	50.0	197	2006.63	2020	高速
	SH-7	50.5	190	1916.16	2100	
2	HS-1	50.0	191	1945.51	2045	低速
	HS-2	50.5	189	1906.08	2215	低速
	HS-3	50.9	190	1901.10	2220	中速

续表 5-1

组号	试样 编号	直径 ϕ/mm	质量 m/g	表观密度 ρ/kg·m^{-3}	纵波波速 v/m·s^{-1}	设计速度 v/m·s^{-1}
	HS-4	50.3	195	1974.41	1885	中速
2	HS-5	50.3	197	1994.66	2080	高速
	HS-6	50.5	198	1996.84	2240	高速
	HS-7	50.2	197	1995.59	1945	

5.3　力学试验结果及分析

5.3.1　静态力学性能

将标准块分别由非金属超声检测仪和微机控制电液伺服岩石压力试验机测得其波速和单轴抗压强度，测量后的基本力学参数见表 5-2。由波阻抗和弹性模量可知，白砂岩相比于煤单体强度更高，复合体为典型的软-硬岩层状复合体。并且可以发现，层状煤岩复合体的波阻抗近似为两个单体的波阻抗之和的一半。

表 5-2　岩石基本物理力学参数

岩石种类	密度 /g·cm^{-3}	波速 /m·s^{-1}	波阻抗 /MPa·s^{-1}	单轴抗压强度 /MPa	弹性模量 /GPa
煤单体	1459.95	1.7972	2623.77	14.33	2.43
白砂岩	2401.12	2.4750	5942.91	45.07	4.20

图 5-7 为改变冲击方向时得到的应力-应变曲线。试样在达到压缩极限后破损卸压，此过程中，SH 复合体会早于 HS 复合体达到应力极限而破损。这是由于煤单体的自身构造决定了更容易达到应力极限，当压力机不断加压时，煤单体会由于节理裂隙过多而达到储能极限，裂隙孕育和延伸到贯穿试样后则会瞬间释放弹性能而导致白砂岩紧跟着破碎。HS 复合体中的白砂岩更靠近加压端，会吸收更多的能量用于自身裂隙发育，从而导致煤单体破损过程的减缓。SH 复合体则刚好相反，由于煤单体更易吸收到更多能量而破损，所以试样整体会更早发生坍塌破坏。我们还可以发现复合体的单轴抗压强度会强于较软岩石，因为一部分能量被白砂岩所吸收才会造成这种现象。

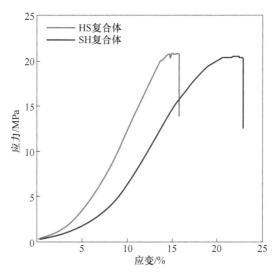

图 5-7　层状煤岩组合体的单轴压缩应力–应变曲线

5.3.2　动态力学性能

　　层状煤岩复合体是不同属性与组分的岩石与煤单体组合而成，在煤矿井之中较为常见。应力波在层状煤岩复合体里的衰减与传播会影响到其动态力学性能的变化，从而影响到工程爆破、地质勘探、地震防护等多方面领域中的各处。为了对比冲击载荷和静态载荷作用下材料的强度，优化工程参数，这里引入混凝土领域中常用的动态增长因子 DIF（dynamic increase factor）[23,24]，即：

$$\mathrm{DIF} = \frac{f_{\mathrm{cd}}}{f_{\mathrm{cs}}} \qquad\qquad (5-1)$$

式中，f_{cd} 为层状煤岩复合体动态抗压强度；f_{cs} 为层状煤岩复合体静态抗压强度。

　　5.3.1 节测得层状煤岩复合体静态抗压强度为 20.67MPa，动态抗压强度由 SHPB 试验测得，其主要动态力学参数见表 5-3。

表 5-3　层状复合煤岩主要动态力学参数

试样编号	密度 $\rho/\mathrm{kg \cdot m^{-3}}$	冲击速度 $/\mathrm{m \cdot s^{-1}}$	峰值应力 $f_{\mathrm{c}}/\mathrm{MPa}$	峰值应变 $\varepsilon/\%$	动态增长因子 DIF
SH-1	2004.78	5.29	23.94	1.577	1.16
SH-2	2000.80	6.38	31.39	2.088	1.52
SH-3	1925.14	6.61	30.43	1.656	1.47
SH-4	1966.59	7.21	41.41	1.677	2.00

试样编号	密度 $\rho/\text{kg} \cdot \text{m}^{-3}$	冲击速度 $/\text{m} \cdot \text{s}^{-1}$	峰值应力 f_c/MPa	峰值应变 $\varepsilon/\%$	动态增长因子 DIF
SH-5	1935.32	9.19	45.17	2.508	2.19
SH-6	2006.63	11.20	56.47	2.780	2.73
HS-1	1945.51	5.36	31.90	1.461	1.54
HS-2	1906.08	6.18	37.56	2.063	1.82
HS-3	1901.10	6.66	43.87	1.933	2.12
HS-4	1974.41	8.33	46.20	1.735	2.24
HS-5	1994.66	11.32	55.62	2.178	2.69

5.3.2.1　动态应力–应变关系

图 5-8 为 SH 复合体和 HS 复合体在冲击速度为低、中、高三个速度范围内的等效应力–应变曲线。加载期间，层状复合岩体变化趋势基本相同，动态应力–应变曲线经过短暂的线弹性阶段后开始呈先增大后减小的趋势，且随着冲击速度的不断加大，SH 复合体和 HS 复合体的动态弹性模量和峰值应力都呈增大趋势。当动态载荷逐渐增加，层状复合体进入压密段，接着试样开始塑形坍塌直至最终破坏。

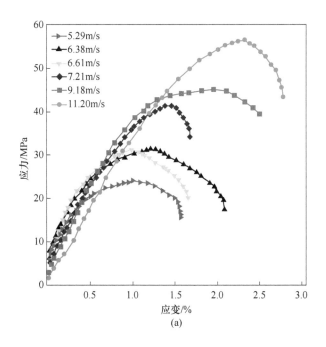

(a)

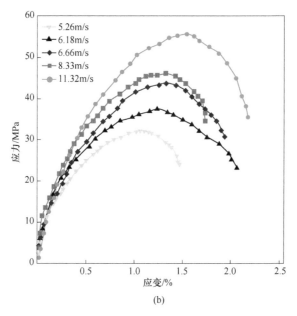

图 5-8　层状煤岩复合体动态应力–应变曲线

（a）SH复合体；（b）HS复合体

5.3.2.2　冲击速度对动态性能的影响

图 5-9 是冲击速度与层状煤岩复合体峰值应力之间的关系变化图。从图中可以明显看出，随着冲击速度的不断增加，峰值应力呈线性增加，并且 HS 复合体的峰值应力始终大于 SH 复合体，随着速度越来越大这种趋势逐渐减小。

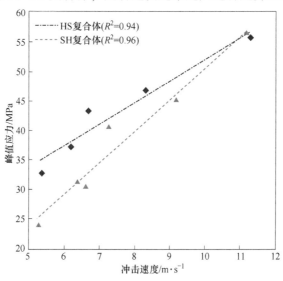

图 5-9　冲击速度与峰值应力的关系变化图

当应力波从入射岩体向后传递时，在两岩体交界处会发生反射和透射，以 HS 复合岩体为例，其入射波、反射波以及透射波的关系模型如图 5-10 所示。根据应力均匀假设，连续边界条件以及牛顿第三定律可知，经过应力波反射和透射后，白砂岩与煤单体交界面两侧的质点无论是速度还是应力都应相同。由波阵面动量守恒可知，透射后的应力波所造成的煤单体动载应力 σ_{Td} 和反射后的应力波所造成的白砂岩动载应力 σ_{Rd} 分别为：

$$\sigma_{Td} = \frac{2}{1+n}\sigma_{Id} \tag{5-2}$$

$$\sigma_{Rd} = \frac{1-n}{1+n}\sigma_{Id} \tag{5-3}$$

$$n = \frac{\rho_G C_G}{\rho_C C_C} \tag{5-4}$$

式中，σ_{Id} 为入射波幅值应力；ρ_G、C_G 分别为白砂岩的密度和弹性纵波波速；ρ_C、C_C 分别为煤单体的密度和弹性纵波波速；n 即为白砂岩和煤单体的波阻抗之比。

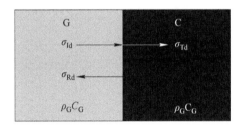

图 5-10　应力波在煤岩交界处透射反射关系模型

分别代入白砂岩和煤单体的波阻抗，可以发现白砂岩的动载应力 σ_{Rd} 的绝对值始终小于煤单体的动载应力 σ_{Td}，随着入射波幅值应力的不断增加，这种影响作用在不断增加。对比 HS 复合体和 SH 复合体，HS 复合体由于波阻抗匹配效果更优，因此会产生更小的反射波，更多的波透过试样传入透射杆，不过随着入射波的不断增强，波阻抗匹配效果对应力波传播的影响逐渐减弱。与图 5-9 观察到的现象类似，因此可以说明 HS 复合体相比于 SH 复合体与入射杆有更优的波阻抗匹配效果，传递能量的效果更好。

冲击速度与 DIF（动态增长因子）的关系变化如图 5-11 所示。DIF 是混凝土领域常用的概念，用于衡量混凝土动态性能的强弱。这里引入此概念用于衡量煤岩复合体在动态载荷和静态载荷作用下表现出的性能差异。从图中得到，DIF 随着冲击速度的增加呈线性增大，并且随着速度的增加这种趋势逐渐减弱。这是因为当白砂岩靠近入射杆的时候，波阻抗匹配效果更优，因此可以得到更好的动态性能。当入射速度较低时，波阻抗匹配效果对动态性能影响较大，匹配效果越好，其传递能量的效果就更优。在更高的冲击速度下，入射应力波开始增强，波阻抗匹配效果的影响逐渐减弱，造成两种层状复合岩体动态性能类似。

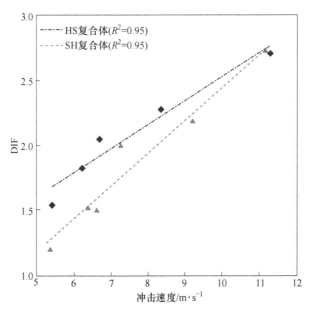

图 5-11　冲击速度与 DIF 的关系变化图

5.3.3　能量耗散分析

在岩体破裂的过程中，能量变换贯穿其中，物质破坏实质上是能量驱动下的状态逐渐失衡的过程，能量耗散[25~27] 也是造成岩石破坏和变形的主要原因。在 SHPB 试验过程中，根据一维弹性波理论，应力波携带能量为：

$$W_\mathrm{I} = \frac{C_\mathrm{e}A_\mathrm{e}}{E_\mathrm{e}}\int\sigma_\mathrm{I}^2(t)\,\mathrm{d}t \tag{5-5}$$

$$W_\mathrm{R} = \frac{C_\mathrm{e}A_\mathrm{e}}{E_\mathrm{e}}\int\sigma_\mathrm{R}^2(t)\,\mathrm{d}t \tag{5-6}$$

$$W_\mathrm{T} = \frac{C_\mathrm{e}A_\mathrm{e}}{E_\mathrm{e}}\int\sigma_\mathrm{T}^2(t)\,\mathrm{d}t \tag{5-7}$$

式中，W_I、W_R、W_T 分别为入射波、反射波、透射波能量；A_e、E_e 为压杆的弹性模量和截面面积；C_e 为应力波在压杆中的传播速度；$\sigma_\mathrm{I}(t)$、$\sigma_\mathrm{R}(t)$、$\sigma_\mathrm{T}(t)$ 分别为在 t 时刻下的入射、反射、透射应力。

在不考虑损失的情况下，层状复合岩体在破碎过程中吸收的能量，即耗散能 W_S 为：

$$W_{\mathrm{S}} = W_{\mathrm{I}} - W_{\mathrm{T}} - W_{\mathrm{R}} \tag{5-8}$$

比较单位体积下岩石耗散能密度 ω_{d} 更能表征岩石破碎吸收能量的多少，耗散能密度 ω_{d} 为：

$$\omega_{\mathrm{d}} = \frac{W_{\mathrm{S}}}{V} \tag{5-9}$$

式中，V 为层状复合体的体积。

类似地，可以得到入射能密度 ω_{I} 为：

$$\omega_{\mathrm{I}} = \frac{W_{\mathrm{I}}}{V} \tag{5-10}$$

图 5-12 是冲击速度与入射能的关系。可以发现，入射能与试样无关，只与冲击速度有关，无论是 HS 复合体还是 SH 复合体，入射能都随冲击速度的增加线性增大。

图 5-13 是入射能密度与耗散能密度之间的关系图。受波阻抗匹配关系的影响，耗散能密度随着入射能密度的增大呈二次函数增长。随着入射能的不断增加，波阻抗匹配对耗散能密度的影响在逐渐降低。因此，更多的入射能量会造成更高的耗散能量，也会使岩石破碎得更加充分。由图 5-12 冲击速度与入射能之间的关系可知，在相同速度时入射能基本相同，所以 HS 复合体吸收了更多的能量用于自身的裂纹孕育和扩展，也有了更高的能量利用率。

我们可以发现，在相同的入射能情况下，岩石的波阻抗匹配效果越好，耗散能就会越多，岩石会吸收更多能量用于自身破碎，破碎效果更好，能量利用率更高，这种情况在爆破领域也得到了验证和应用[28]。

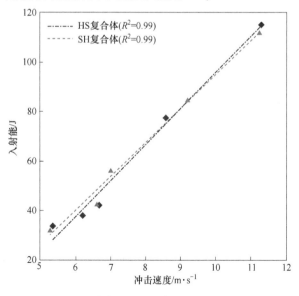

图 5-12 冲击速度与入射能的关系变化图

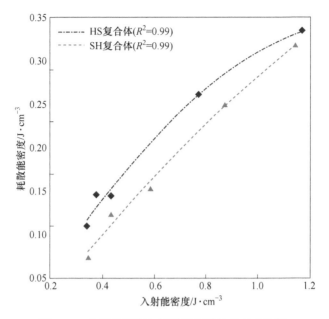

图 5-13　入射能密度与耗散能密度的关系变化图

5.3.4　冲击破坏分形特征

分形维数可以定量直观地反映岩石试样破碎程度，一般来说分形维数越高，其破碎程度就越大[29~32]。层状煤岩复合体是煤单体和顶板岩石的组合体，岩土施工过程中，经常遇到不同岩性的复合体的爆炸工作，研究其破坏时的分形特征，对地下应力扰动、爆破等优化有着重要意义。

为了定量描述层状煤岩复合体在动力载荷作用下的破损物分布情况，本节采用等效边长–粒度分布进行分形维数计算[33]，公式如下：

$$D = 3 - \alpha \tag{5-11}$$

$$\alpha = \frac{\lg(M_r/M_t)}{\lg L_r} \tag{5-12}$$

式中，D 为试样的分形维数；α 为 M_r/M_t–L_r 在双对数坐标下的斜率值；L_r 为破损物的等效粒径；M_r 为等效粒径小于 L_r 的破损物累计质量；M_t 为计算尺度内破损物的总质量。

考虑到破损物粒度分析的质量要求，本试验采用粒径分别为 1.25mm、2.5mm、5mm、10mm、15mm、20mm、25mm、30mm 的筛网对破损后的试样进行筛分。针对大于 30mm 的破损物通过手工测量获得长、宽和厚度的特征并进行称重，试样破碎后破损物分形计算结果见表 5-4。

表 5-4　层状煤岩复合体破损物粒度分形统计

试样编号	冲击速度 $v/\text{m}\cdot\text{s}^{-1}$	不同粒径破损物累计质量 M_r/g												总质量 M_r/g	分形维数 D
		<1.25mm	1.25mm	2.5mm	5mm	10mm	15mm	20mm	25mm	30mm	40mm	50mm		
SH-1	5.29	1	1	2	1	2	6	0	0	22	151	0	195	1.90
SH-2	6.38	4	3	11	16	10	3	3	0	44	90	0	181	2.09
SH-3	6.61	3	4	8	14	2	4	0	0	17	127	0	179	2.14
SH-4	7.21	9	7	13	14	5	3	44	14	79	0	0	191	2.20
SH-5	9.19	15	9	20	17	14	0	39	0	83	0	0	184	2.32
SH-6	11.20	20	10	16	19	18	18	46	20	22	0	0	198	2.36
HS-1	5.36	2	2	6	11	14	3	0	0	24	126	0	187	1.94
HS-2	6.18	5	4	7	10	7	10	0	0	142	0	0	183	2.11
HS-3	6.66	8	5	12	14	2	11	26	0	108	0	0	188	2.18
HS-4	8.33	13	9	19	19	2	0	26	18	85	0	0	193	2.32
HS-5	11.32	15	9	11	16	10	3	3	0	44	90	0	188	2.36

图 5-14 为冲击速度与分形维数之间的变化关系，可以发现，随着冲击速度的不断增加，层状煤岩复合体的分形维数也在不停增大，呈正相关。说明冲击速度越大，试样碎裂后的分形维数越大，破损物的粒径越小，破坏程度越大。但随着冲击速度的持续增大，这种趋势也在逐渐变缓。在速度相同时，HS 复合体的分形维数大于 SH 复合体的分形维数，这是因为在相同条件下，HS 复合体的波阻抗和压杆的波阻抗更为匹配，能量传递效果更好，因此碎裂程度也更高。但随着速度的增大，两种层状煤岩复合体的分形维数也在逐渐接近，这是因为层状煤岩组合体的整体破碎，往往是由煤组分的崩塌引起弹性能释放，从而造成组合体破碎。而当速度增大到一定程度时，煤组分储存弹性能的阈值已经和传递方向无关，因此破碎程度也开始趋于接近。

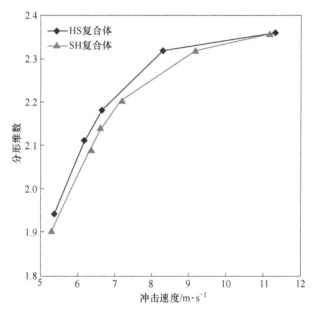

图 5-14   冲击速度与分形维数之间的变化关系图

5.3.5   冲击破坏模式

5.3.5.1   细观损伤模式

图 5-15 为层状煤岩复合体破碎后各部分的 SEM 面扫描图。试样的破坏主要源于裂隙的产生与扩张，相比于白砂岩，煤单体内部结构决定了它更容易产生和汇聚裂隙直至破坏，而白砂岩密度较大，较为不易产生裂隙。因此如图 5-15（a）~（c）所示，煤单体产生的裂隙多且杂，在外部压力作用下，内部小裂隙不断扩张延伸，最终导致整个岩石的破坏。而白砂岩产生的裂隙则数量较少但容易产生贯

穿岩样的劈裂面，最终导致岩石破坏。针对层状煤岩复合体，当其中一种岩石破碎时，它的裂隙也会延伸到另一个岩石，最终造成整体的破坏。如图 5-15（d）所示，煤单体中杂质的存在也会使岩石本身更容易沿着交界面产生裂隙，并且一般来说这种裂隙比较规整。

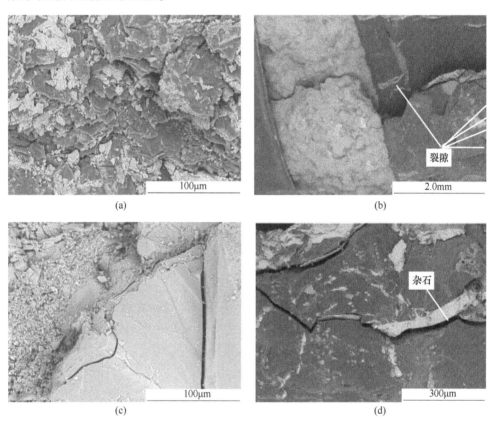

图 5-15　层状煤岩复合体 SEM 面扫描图

（a）煤单体 SEM 面扫描图；（b）层状煤岩复合体交接处 SEM 面扫描图；

（c）白砂岩 SEM 面扫描图；（d）煤单体内部裂隙 SEM 面扫描图

为了确定图中煤样内呈脉状分布的白色细线成分，分别取白砂岩和煤单体样块进行 EDS（能量色散谱仪）面扫描，扫描结果如图 5-16 所示。图 5-16（a）中，白砂岩中含有主要元素为 Si、O、Al 等，无异常成分出现。图 5-16（b）中，煤单体内呈脉状分布的白色细线主要元素为 Ca、O、Si 等，经分析成分为石灰石、石英等，为煤单体沉积形成过程中的微量杂质。白砂岩的内部元素分布均匀，并且没有明显的节理裂隙。煤单体则含有较多杂质，受到外力作用时会造成内部应力分布不均匀，并且较易沿着杂石产生局部剪切面，最终碎至粒径较小的破碎物。

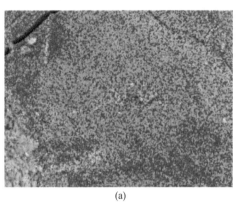 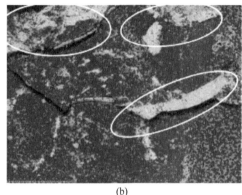

(a)　　　　　　　　　　　　　　　　(b)

图 5-16　能量色散谱仪面扫描图
（a）白砂岩能谱扫描图；（b）煤单体能谱扫描图

5.3.5.2　宏观损伤模式

图 5-17 是层状煤岩复合体在微机控制电液伺服岩石压力试验机加压后的破坏形态，可以发现，在静态冲击的作用下，无论是 SH 复合体还是 HS 复合体煤组分的破碎程度都要大于白砂岩组分。煤组分内部有许多细小裂隙，这些裂隙更容易汇集和生长，从而造成煤组分整体坍塌。白砂岩组分由于内部密度较大，内部缺陷较少，因此从煤组分传递来的裂隙会沿着煤-岩分界面继续衍生从而造成贯穿白砂岩的劈裂面。SH 复合体在压实阶段的作用下，内部缺陷较多的煤组分宏观表征会发生较大变化，煤组分会向四周延伸至形成一个圆台状，并且这种延伸现象也会加速白砂岩组分的劈裂。HS 复合体的宏观表征则无太大变化。

(a)

(b)

图 5-17　层状煤岩复合体单轴压缩破坏形态

(a) SH 复合体单轴压缩破坏形态；(b) HS 复合体单轴压缩破坏形态

图 5-18、图 5-19 为不同冲击速度下，两种层状煤岩组合体在 SHPB 冲击破坏形态。据 5.3.3 节结论可知，冲击速度越大，试样破坏程度越剧烈，破损物的粒径越小。图中两种层状煤岩复合体的破坏形态类似，但相同速度下 HS 复合体的破损物粒径会略小于 SH 复合体。层状煤岩复合体中的煤组分破损程度往往比白砂岩组分剧烈，在试验中发现，白砂岩组分的等效粒径大多大于 15mm，而煤岩组分的等效粒径大多小于 10mm，这是由不同组分的内部结构决定的。煤组分中大量的内部缺陷导致了在外界载荷作用下，内部裂隙更容易孕育和衍生，从而导致试样整体粉碎。观察煤组分的破裂形态变化可以发现，煤组分在低速时呈剪

(a)　　　　　　　　　　　　　　　　(b)

（c）　　　　　　　　　　　　　　　（d）

图 5-18　SH 复合体动态冲击破坏形态

（a）5.29m/s；（b）6.61m/s；（c）9.19m/s；（d）11.2m/s

（a）　　　　　　　　　　　　　　　（b）

（c）　　　　　　　　　　　　　　　（d）

图 5-19　HS 复合体动态冲击破坏形态

（a）5.36m/s；（b）6.18m/s；（c）8.33m/s；（d）11.32m/s

切破坏，随着速度的增大，逐渐出现劈裂面，在剪切作用和劈裂作用的共同作用下，煤组分逐渐被粉碎为微细颗粒。而白砂岩组分随速度增加，剪切破坏不断增多，导致白砂岩组分粒径不断减小。相比于静态冲击下的破碎形态，动态冲击作用下的白砂岩更易产生贯穿试样导致破坏的劈裂面，而煤岩也更容易碎裂成粒径较小的破损物。

5.4 本章小结

利用分离式霍普金森压杆试验装置（SHPB）和微机控制电液伺服岩石压力试验机试验系统，对层状煤岩复合体的力学特性进行一系列相关研究，并结合 X 射线三维扫描系统和扫描电镜技术，研究微观尺度上的复合体破坏规律和细观特征，得到以下结论：

（1）层状煤岩复合体在静态载荷的作用，改变受压方向并不会造成强度的变化，但是强度相较于单一岩性有明显增加，增加幅度主要取决于较软弱岩体。受压方向的改变会造成应力-应变时程产生差异，这主要是由于两者岩石内部差异性造成的。

（2）层状煤岩复合体在动态载荷的作用下，随着冲击速度的增加，峰值应力和 DIF 呈线性增加。由于 HS 复合体与压杆之间的波阻抗匹配效果更优，HS 复合体的峰值应力始终大于 SH 复合体，随着速度越来越大这种趋势逐渐减小，同理，DIF 也呈此规律变化。

（3）层状煤岩复合体在加载过程中，耗散能密度随着入射能密度的增大呈二次函数增长。在速度相同时，受波阻抗匹配效果的影响，应力波由硬入软时相比于由软入硬，耗散能密度更大，会吸收更多能量用于自身破碎。不过随着冲击速度的逐渐增加，两者的差异也逐渐减小。

（4）层状煤岩复合体在动态载荷下破碎后的分形维数随着速度的增大而增大，这说明复合体的损伤与冲击速度相关联，不过这种联系会受到波阻抗匹配效果的影响，相同冲击速度下，波阻抗匹配效果更好的 HS 复合体分形维数更大。

（5）静态载荷的作用下，层状煤岩复合体破碎程度不高，易产生贯穿复合体的宏观劈裂面，并且 SH 复合体主要呈圆台状破坏，HS 复合体则是底部破坏剧烈。在动态载荷的作用下，煤组分的破碎程度远大于白砂岩组分，白砂岩组分多呈剪切破坏，煤组分多呈粉碎状。随着冲击速度的增大，这种趋势越发明显。观察破坏后的层状煤岩复合体微观形态，可以发现在煤岩与白砂岩的交界面处，裂隙的延伸作用是致使复合体破坏加剧的重要诱因之一，两个单独组分破坏情况不同则是主要由于微观结构差异过大，煤岩内部多存在小而密的微裂隙，白砂岩内部不存在明显裂隙，整体结构紧实。

参 考 文 献

［1］ Song D, Wang E, Liu J. Relationship between EMR and dissipated energy of coal rock mass during cyclic loading process ［J］. Safety Science, 2012, 50 (4)：751~760.

［2］ Gash B W. Measurement of rock properties in coal for coalbed methane production ［C］//SPE Annual Technical Conference and Exhibition. Society of Petroleum Engineers, Inc., Dallas, TX., 1991.

［3］ Huang B, Liu J. The effect of loading rate on the behavior of samples composed of coal and rock ［J］. International Journal of Rock Mechanics and Mining Sciences, 2013, 61：23~30.

［4］ Du F, Wang K, Zhang X, et al. Experimental study of coal-gas outburst：insights from coal-rock structure, gas pressure and adsorptivity ［J］. Natural Resources Research, 2020, 29 (4)：2481~2493.

［5］ Levine J R. Coalification：the evolution of coal as source rock and reservoir rock for oil and gas：Chapter 3 ［J］. B. E Law, D. D Rice (Eds.), AAPG Studies in Geology, 1993, 38：39~79.

［6］ Wilkins R W, George S C. Coal as a source rock for oil：a review ［J］. International Journal of Coal Geology, 2002, 50 (1~4)：317~361.

［7］ Liu X S, Tan Y L, Ning J G, et al. Mechanical properties and damage constitutive model of coal in coal-rock combined body ［J］. International Journal of Rock Mechanics and Mining Sciences, 2018, 110：140~150.

［8］ Guo W, Tan Y, Yu F, et al. Mechanical behavior of rock-coal-rock specimens with different coal thicknesses ［J］. Geomechanics and Engineering, 2018, 15 (4)：1017~1027.

［9］ Zuo J, Wang Z, Zhou H, et al. Failure behavior of a rock-coal-rock combined body with a weak coal interlayer ［J］. International Journal of Mining Science and Technology, 2013, 23 (6)：907~912.

［10］ He X, Chen W, Nie B, et al. Electromagnetic emission theory and its application to dynamic phenomena in coal-rock ［J］. International Journal of Rock Mechanics and Mining Sciences, 2011, 48 (8)：1352~1358.

［11］ Song S, Liu X, Tan Y, et al. Study on failure modes and energy evolution of coal-rock combination under cyclic loading ［J］. Shock and Vibration, 2020, 2020：5731721.

［12］ Zhao T, Guo W, Lu C, et al. Failure characteristics of combined coal-rock with different interfacial angles ［J］. Geomechanics & engineering, 2016, 11 (3)：345~359.

［13］ Du F, Wang K. Unstable failure of gas-bearing coal-rock combination bodies：insights from physical experiments and numerical simulations ［J］. Process Safety and Environmental Protection, 2019, 129：264~279.

［14］ Wang P, Jia H, Zheng P. Sensitivity analysis of bursting liability for different coal-rock combinations based on their inhomogeneous characteristics ［J］. Geomatics, Natural Hazards and Risk, 2020, 11 (1)：149~159.

[15] Xie B, Chen D, Ding H, et al. Numerical Simulation of Split-Hopkinson Pressure Bar Tests for the Combined Coal-Rock by Using the Holmquist-Johnson-Cook Model and Case Analysis of Outburst [J]. Advances in Civil Engineering, 2020, 2020: 8833233.

[16] Gong F, Ye H, Luo Y. The effect of high loading rate on the behaviour and mechanical properties of coal-rock combined body [J]. Shock and vibration, 2018, 2018: 4374530.

[17] 杨国香, 叶海林, 伍法权, 等. 反倾层状结构岩质边坡动力响应特性及破坏机制振动台模型试验研究 [J]. 岩石力学与工程学报, 2012, 31 (11): 2214~2221.

[18] Hatheway A W. The complete ISRM suggested methods for rock characterization, testing and monitoring: 1974-2006 [Z]. Association of Environmental & Engineering Geologists, 2009, 15 (1): 47~48.

[19] Wagner S, Boley C, Pratter P. Application potentials and limits of rock reinforcement with polymer-based adhesives: IOP Conference Series: Earth and Environmental Science, 2021 [C]. IOP Publishing.

[20] Ramos M J. Quantification of static and dynamic mechanical anisotropy in fractured and layered rock systems: experimental measurement and numerical modeling [D]. The University of Texas at Austin, 2018.

[21] Dai F, Huang S, Xia K, et al. Some fundamental issues in dynamic compression and tension tests of rocks using split Hopkinson pressure bar [J]. Rock mechanics and rock engineering, 2010, 43 (6): 657~666.

[22] Feng S, Zhou Y, Wang Y, et al. Experimental research on the dynamic mechanical properties and damage characteristics of lightweight foamed concrete under impact loading [J]. International Journal of Impact Engineering, 2020, 140: 103558.

[23] Du Béton C E. CEB-FIP model code 1990: Design code [M]. Thomas Telford Publishing, 1993.

[24] Malvar L J, Crawford J E. Dynamic increase factors for concrete [R]. Naval Facilities Engineering Service Center Port hueneme CA, 1998.

[25] 金丰年, 蒋美蓉, 高小玲. 基于能量耗散定义损伤变量的方法 [J]. 岩石力学与工程学报, 2004 (12): 1976~1980.

[26] 赵忠虎, 谢和平. 岩石变形破坏过程中的能量传递和耗散研究 [J]. 四川大学学报 (工程科学版), 2008 (2): 26~31.

[27] Liu X S, Ning J G, Tan Y L, et al. Damage constitutive model based on energy dissipation for intact rock subjected to cyclic loading [J]. International journal of rock mechanics and mining sciences, 2016, 85: 27~32.

[28] 谢和平, 鞠杨, 黎立云, 等. 岩体变形破坏过程的能量机制 [J]. 岩石力学与工程学报, 2008 (9): 1729~1740.

[29] Liu R, Zhu Z, Li Y, et al. Study of rock dynamic fracture toughness and crack propagation parameters of four brittle materials under blasting [J]. Engineering Fracture Mechanics, 2020, 225: 106460.

[30] Lee Y, Carr J R, Barr D J, et al. The fractal dimension as a measure of the roughness of rock

discontinuity profiles ［C］//International journal of rock mechanics and mining sciences & geomechanics abstracts, 1990.

［31］ Hirata T. Fractal dimension of fault systems in Japan: fractal structure in rock fracture geometry at various scales ［M］//Fractals in geophysics. Springer, 1989: 157~170.

［32］ Zou S, Wang L, Wen J, et al. Experimental research on dynamic mechanical characteristics of layered composite coal-rock ［J］. Latin American Journal of Solids and Structures, 2021, 18.

［33］ Turk N, Greig M J, Dearman W R, et al. Characterization of rock joint surfaces by fractal dimension ［C］//The 28th US symposium on rock mechanics (USRMS), 1987.

6 多孔类岩石材料动力学试验研究

6.1 研究背景

多孔岩石在大自然中十分常见，丰富的孔隙令其具有良好的吸水性和含气性，例如石灰岩和砂岩等就是典型的多孔材料。多孔类岩石材料是指人为赋予多孔结构的类岩石材料，其物理性质与天然岩类似，由于含丰富的孔隙结构，在吸能和吸声领域应用广泛，这里以泡沫混凝土为例，展开动力学试验，揭示多孔类岩石材料的动力学性能。

混凝土是一种在土木工程和防护工程中最为常用的材料，其成分复杂，表现为非均匀性、非线性以及不稳定的脆性破坏等特征[1]。随着科技的发展和进步，传统的混凝土材料在制备及性能研究上已经日趋完善，而新型节能、环保型建筑材料的开发和应用受到了广泛的关注。泡沫混凝土材料以其自身结构独特、力学性能优异、造价低廉和环境友好等特点，从众多的新型建材之中脱颖而出[2]。相比于传统的普通混凝土，泡沫混凝土自重轻便，耐火性强，保温隔热，且具有优良的缓冲吸能特性[3,4]。在民用建筑及军事国防结构中，尤其是安防工程中，不可避免会受到地震、冲击、爆炸等动态荷载，这将会给人民的生命安全造成严重威胁，给国家财产造成严重损失。泡沫混凝土作为一种新型的节能环保型建筑材料，由于其优异的吸能特性，对子弹冲击波及爆炸冲击波具有良好的吸收作用，可大大降低射击及爆炸的破坏力。在抗爆炸方面，具有开发意义的产品有军用、民用两类：军用泡沫混凝土可用于各种地下或地上军事工程、弹药库等。在其工程墙体和顶部增加几十厘米泡沫混凝土（现浇或砌筑）可降低爆炸破坏力。现已在我军开始应用。另外，组装式泡沫混凝土防震指挥所、战地医院用房屋，具有极大开发价值。因此，研究其冲击响应特性，对于抗动载结构的设计和防护都有着重要的现实意义。

泡沫混凝土以普通硅酸盐水泥、粉煤灰、微硅粉等为原料，通过发泡剂将气孔引入料浆中形成的一种多孔介质材料[5]。泡沫混凝土的孔隙率很高，且孔壁较薄，气孔直径远大于孔壁厚度，具有密度低、波阻抗低、气孔均匀分布的特点。在各种民用建筑及军事设施中，泡沫混凝土由于具有很好的缓冲吸能特性，常用作结构的吸能抗爆分层装置。在遭受武器攻击、爆炸、地震、海浪冲击、风力和水力等冲击荷载时，泡沫混凝土材料表现出与传统混凝土动态荷载作用下不同的性能。因此，开展泡沫混凝土动态力学性能的研究具有重要意义。同时，泡沫混凝土在保温隔热、环保节能等方面具有巨大的优势，正成为国内外新型建筑材料的研究热点。随着泡沫混凝土制备工艺的成熟，在民用及军用建筑等工程的应用越来越广泛。袭击、爆炸、地震等冲击荷载的发生将会给人民的生命安全造成严重威胁，给国家财产造成严重损失，亟待研究泡沫混凝土在各种冲击荷载下的动态力学性能，进而为结构的设计提供理论基础，对于保障国民的人身安全及国家财产安全都具有重大的科学意义和工程价值。

泡沫混凝土在中高速应变率的冲击荷载下是一个高度非线性、非均匀性、多尺度耦合的过程，其应力波的传播规律十分复杂，吸能卸载机理研究难度较大。目前部分学者采用理论分析、室内力学试验、数值模拟等方法，开展了泡沫混凝土的动态力学性能的研究工作，且在吸能抗爆性能的研究上缺乏定量的分析，离准确把握该材料的动态力学性能仍有一定的差距。想要实现泡沫混凝土材料的合理设计与应用，就必须要了解材料在高应变率条件、复杂应力状态下应力-应变曲线的变化规律和变形失效机理。本课题基于岩石动力学理论基础，开展泡沫混凝土动态力学性能研究，具有重要的科学理论意义及工程应用价值。

6.2　试验设计

本章制备了三种不同密度的泡沫混凝土试样（$\rho = 300 \text{kg/m}^3$，$\rho = 450 \text{kg/m}^3$ 和 $\rho = 700 \text{kg/m}^3$），利用霍普金森压杆试验装置（SHPB）进行一系列不同应变率下的动态单轴冲击试验。基于所获得的试验结果，深入研究不同应变率下材料的动态应力-应变关系，揭示材料在动态破坏过程中应力的变化规律。通过对比分析动态弹性模量、峰值应力、峰值应变及动态增长因子与应变率和密度之间的变化关系，探究多孔材料的动态力学性能及破坏机理。

本实验采用化学发泡制备工艺，通过调整发泡剂的用量来制作密度分别为 300kg/m^3、450kg/m^3、700kg/m^3 的泡沫混凝土试样。

6.2.1　制备原材料及配合比

6.2.1.1　水泥

本实验采用普通硅酸盐水泥，强度等级为 P. O. 42.5，28 天抗压强度 $F_c = 48.4 \text{MPa}$，密度 $\rho = 3100 \text{kg/m}^3$，其具体计算指标见表 6-1。

表 6-1 普通硅酸盐水泥技术指标

指标	实测值
比表面积/$m^2 \cdot kg^{-1}$	320
密度/$kg \cdot m^{-3}$	3100
3d 强度/MPa	19.5
28d 强度/MPa	48.4
安定性	合格
标准稠度用水量/mL	138
初凝时间/min	65
终凝时间/min	195
烧矢量/%	2.46

6.2.1.2 发泡剂

发泡剂选取工业双氧水，其浓度为 27.5%，发泡化学反应过程如下：

$$H_2O_2 \longrightarrow O_2 \uparrow + 2H_2O \tag{6-1}$$

6.2.1.3 速凝剂

速凝剂是使泡沫混凝土快速凝结硬化的化学外加剂。本试验采用硫酸铝（$Al_2(SO_4)_3$）作为无碱速凝剂，其具体物理技术指标见表 6-2。

表 6-2 硫酸铝速凝剂技术指标

项目	指标
外观	浅黄色液体
密度/$g \cdot mL^{-1}$	1.23~1.35
固体含量/%	30~35
pH 值	4~6

6.2.1.4 稳泡剂

由于化学发泡的不可控因素较多，为控制在发泡过程中气泡的稳定性，加入适量的稳泡剂可使得发泡更为均匀，防止气泡破裂。本试验选用硬脂酸钙作为稳泡剂，相对分子质量 607.02，不溶于水、冷乙醇和乙醚。

6.2.1.5 减水剂

减水剂是一种常见的外加剂，本试验选用聚羧酸高性能减水剂，其具体技术指标见表 6-3。

表 6-3　聚羧酸减水剂技术指标

项目		标准值
减水率，≥/%		25
泌水率比，≤/%		50
含气量，≤/%		6
凝结时间之差/min	初凝	−90~+120
	终凝	−90~+120
抗压强度比，≥/%	1d	170
	3d	160
	7d	150
	28d	140
收缩率比，≤/%	28d	110

6.2.1.6　水

试验采用工业自来水，温度为常温 25℃。

研制三种不同密度的泡沫混凝土，其原材料具体配合比见表 6-4。

表 6-4　不同密度的泡沫混凝土配合比

表观密度 $\rho/kg \cdot m^{-3}$	水泥 W_c/g	发泡剂 W_f/g	稳泡剂 W_s/g	速凝剂 W_a/g	减水剂 W_r/g	水 W_w/g
300	300	21	3.6	0.8	2.4	150
450	300	18	3.6	0.8	2.4	150
700	300	15	3.6	0.8	2.4	150

6.2.2　制备流程

试样制备流程如下：首先根据表 6-4 中的配比称取原材料，导入砂浆搅拌机内搅拌均匀，并控制新拌料浆的初始状态，这一过程搅拌 2~3min。随后在高速搅拌的同时，迅速加入化学发泡剂，继续搅拌 10~15s。最终将搅拌均匀的料浆倒入 ϕ50mm×100mm 的模具内静停发泡，待试件达到一定强度后拆模养护即可[6]。达到标准养护龄期后，对其进行切割，加工成 ϕ50mm×25mm 的圆柱形试件，表面采用磨床精密加工，不平行度小于 0.02mm。泡沫混凝土试样制作过程与成型如图 6-1 所示。

(a)

(b)

(c)

图 6-1 泡沫混凝土试样制作过程与成型

（a）原材料称重；（b）静停发泡；（c）切割成型

6.3 分离式霍普金森压杆冲击试验

6.3.1 试验装置

本试验采用 ϕ50mm 分离式霍普金森压杆试验系统对泡沫混凝土进行单轴冲击，试验装置如图 6-2 所示。子弹为纺锤形，入射杆和透射杆均为 2.5m，材质为铝杆，纵波波速为 5090m/s，密度为 $2.7 \times 10^3 kg/m^3$，弹性模量为 70GPa。试验中，通过粘贴在压杆表面的应变片来采集入射、反射和透射信号。由于泡沫混凝土试件的波阻抗与压杆的波阻抗相差较大，产生的透射波非常微弱，采用普通的电阻应变片难以捕捉到有效的透射数据。根据文献〔7〕，半导体应变片体积小，灵敏度高，且采集信号的信噪比较高，噪波对信号的干扰大大减弱，故在透射杆的表面采用半导体应变片进行测量。

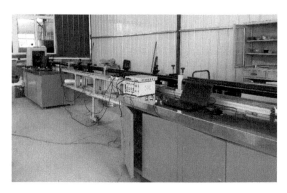

图 6-2 SHPB 试验测试系统

6.3.2 试验方案

本试验共测试泡沫混凝土试件 24 个，按密度分为 3 组，每组 8 个。将泡沫混凝土试样在常温下自然养护 28d，即可达到试验所需的状态。共设计四种不同应变率（$60s^{-1}$、$100s^{-1}$、$140s^{-1}$ 和 $250s^{-1}$）的单轴冲击试验，每种应变率测试两个，以保证试验的准确性。试验过程中在试件两端涂上一层黄油，以减少弥散效应带来的不利因素。试样按密度进行分组编号，即第一个数字代表密度，第二个代表序号。试样具体参数见表 6-5，试验数据采用三波法进行处理。

表 6-5 泡沫混凝土试样具体参数

组号	试样编号	直径 ϕ/mm	高度 H/mm	表观密度 ρ/kg·m⁻³	设计应变率 $\dot{\varepsilon}$/s⁻¹
1	300-1	49.68	25.21	307.81	60
	300-2	49.71	24.92	307.06	60
	300-3	49.68	25.08	307.12	100
	300-4	49.64	24.88	306.85	100
	300-5	49.77	25.12	303.36	140
	300-6	49.76	24.92	307.44	140
	300-7	49.74	24.85	306.52	250
	300-8	49.72	25.08	309.96	250

组号	试样编号	直径 ϕ/mm	高度 H/mm	表观密度 ρ/kg·m^{-3}	设计应变率 $\dot{\varepsilon}$/s^{-1}
2	450-1	49.66	24.85	453.74	60
	450-2	49.78	24.68	460.41	60
	450-3	49.64	25.16	444.11	100
	450-4	49.84	25.06	448.00	100
	450-5	49.66	24.92	458.56	140
	450-6	49.75	24.89	448.01	140
	450-7	49.68	25.22	446.15	250
	450-8	49.76	24.88	443.56	250
3	700-1	49.77	24.90	700.80	60
	700-2	49.64	24.88	713.58	60
	700-3	49.69	24.85	709.31	100
	700-4	49.75	24.77	711.73	100
	700-5	49.86	25.15	704.32	140
	700-6	49.84	25.05	705.99	140
	700-7	49.73	24.89	705.07	250
	700-8	49.68	24.87	708.03	250

6.4 冲击试验结果与分析

6.4.1 破坏过程

泡沫混凝土的冲击响应是一个瞬态过程，且破坏极为剧烈，因此，在试验过程中采用高速摄像机捕捉泡沫混凝土的动态破坏过程。图 6-3 是 $\rho = 700\text{kg/m}^3$ 的泡沫混凝土试件在应变率 $\dot{\varepsilon} = 140\text{s}^{-1}$ 不同时段的冲击破坏照片。冲击过程中，应力波由入射杆传至试件与杆端交界处，在 $t = 490\mu\text{s}$ 时，泡沫混凝土试件开始破坏，试件与入射杆接触面先产生微弱的破裂，且裂纹逐渐扩展。当 $t = 800\mu\text{s}$ 时，试件继续受到冲击荷载作用，原先的破裂面有较小的颗粒碎屑崩出。继续加载到 $t = 1000\mu\text{s}$ 时，试件的入射端面已经基本破坏，且伴有较多碎屑崩出。此时，试件内部产生较多裂纹，传播和扩展速度明显。在 $t = 3000\mu\text{s}$ 时，破坏已从入射端面向中部扩散，试件表面有许多碎屑剥落飞出。试件继续进行冲击作用，当到 $t = 5000\mu\text{s}$ 时，试件中部已经破坏失效，许多碎屑飞出，裂纹贯通整个试件。继续进行加载到 $t = 7000\mu\text{s}$ 时，整个试件基本失效，中部有大量碎屑飞出。$t = 9000\mu\text{s}$ 时，试件被分裂成大量碎屑，且大小不均，两端碎屑较小且崩离较多，中间碎屑呈块状，崩离较少。

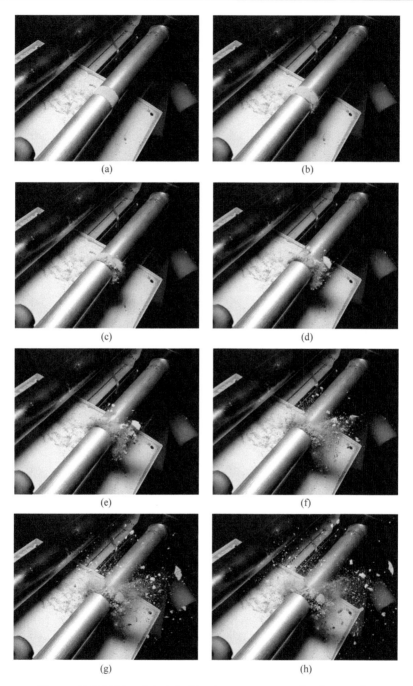

图 6-3　泡沫混凝土动态冲击破坏过程 ($\rho = 700\text{kg/m}^3$, $\dot{\varepsilon} = 140\text{s}^{-1}$)

（a）$t=0$；（b）$t=490\mu\text{s}$；（c）$t=800\mu\text{s}$；（d）$t=1000\mu\text{s}$；

（e）$t=3000\mu\text{s}$；（f）$t=5000\mu\text{s}$；（g）$t=7000\mu\text{s}$；（h）$t=9000\mu\text{s}$

6.4.2　波形特征

　　试验通过粘贴在入射杆和透射杆端上的半导体应变片及动态应变仪采集原始波形，图 6-4 为三种不同密度的泡沫混凝土在应变率为 $140s^{-1}$ 的典型波形曲线。从图中可看出，三种密度的泡沫混凝土入射波和反射波大致呈三角状，波形有轻微的振荡。入射波和反射波之间的时间间隔大约为 $500\mu s$，说明此时应力波透过试件，开始产生透射波。三种不同密度的泡沫混凝土透射波幅值差异较大。$\rho = 300kg/m^3$ 的泡沫混凝土透射波曲线基本为一直线，幅值不明显。而 $\rho = 450kg/m^3$ 和 $\rho = 700kg/m^3$ 的泡沫混凝土透射波幅值有明显的变化。两者相比，$\rho = 700kg/m^3$ 的泡沫混凝土透射波幅值较大，这说明密度是影响材料透射波强弱的一个重要因素。观察反射波上的幅值变化，在反射波末端有轻微的波形起伏，这可能是因为试件在破坏过程中，空气中的电磁波所干扰波形的采集。

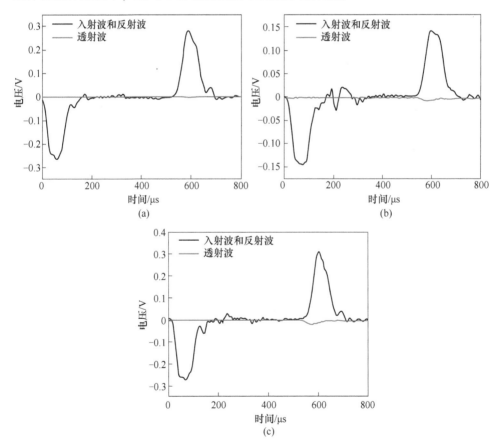

图 6-4　不同密度泡沫混凝土典型入射、反射、透射波形（应变率为 $140s^{-1}$）

（a）$\rho = 300kg/m^3$；（b）$\rho = 450kg/m^3$；（c）$\rho = 700kg/m^3$

6.4.3　动态应力-应变关系

对动态应变仪采集的原始波形利用二波法公式进行数据处理，得到三种泡沫混凝土在应变率 60~250s^{-1} 下的动态应力-应变曲线如图 6-5~图 6-7 所示。

对于 $\rho=300\text{kg/m}^3$ 的泡沫混凝土试件，其应力-应变曲线如图 6-5 所示。从图中可看出，在加载初始阶段，试件首先经历弹性加载，应力应变关系基本呈线性关系，且四种不同应变率下的加载时长及达到压缩强度不大相同。61s^{-1} 应变率和 106s^{-1} 应变率加载下的两条应力-应变曲线幅值大致相同，动态压缩强度分别为 0.4MPa 和 0.5MPa，差距不大，这说明在低应变率下的变形破坏基本一致。而随着加载应变率的增大，压缩强度也在增大，应变率为 254s^{-1} 时，压缩强度达 1MPa，变化明显。在弹性阶段后，应力应变关系表现出一上下起伏的平台，试件进入压缩密实阶段，试件表面出现裂纹，内部胞孔开始坍塌破坏。此时，低应变率下的平台波动较大，在最后一个起伏后达到峰值应力，61s^{-1} 应变率下的峰值应力大致为 0.7MPa，106s^{-1} 应变率下的峰值应力大致为 0.6MPa。荷载继续增大超过材料的最大承载力时，试件开始进入破坏阶段，孔壁被压碎，承载能力急剧下降，在图中表现为在波动平台后的一段斜率较大的曲线，直至试件完全破坏，孔壁不承受荷载。

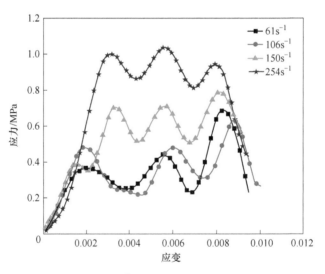

图 6-5　$\rho=300\text{kg/m}^3$ 泡沫混凝土动态应力-应变曲线

对于 $\rho=450\text{kg/m}^3$ 的泡沫混凝土试件动态应力-应变曲线如图 6-6 所示。从图中可看出，试件的破坏也是经历三个变形阶段。首先在弹性阶段，随着应变率的增大，动态压缩强度也在增大，且对应的动态弹性模量也在随之增大，这说明加载的应变率对材料的动态压缩强度有明显的影响。在压缩密实阶段，该泡沫混凝土同样表现出一应力波动平台，与 $\rho=300\text{kg/m}^3$ 的泡沫混凝土不同的是，此应力平台主要是呈上升的趋势，且应变率越高，上升的趋势越明显。当荷载达到峰值应力后，试件变形进入破坏阶段，孔壁被压碎破坏，但是破坏曲线有明显的波动，且有一定的延长，这说明试件在此阶段，并不是急剧破坏，破坏速率明显低于 $\rho=300\text{kg/m}^3$ 的泡沫混凝土试件。

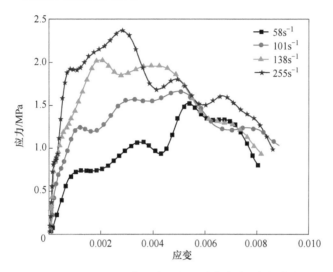

图 6-6　$\rho=450\text{kg/m}^3$ 泡沫混凝土动态应力–应变曲线

对于 $\rho=700\text{kg/m}^3$ 的泡沫混凝土试件动态应力–应变关系如图 6-7 所示。对于此密度的泡沫混凝土，其变形破坏阶段与前面两者一致，且曲线更加平滑。在弹性阶段，可以清晰地看到，应变率越大，材料的动态压缩强度越大。在压缩密实阶段，应力平台呈上升趋势，但是波动幅度不大。在破坏阶段，64s^{-1}、97s^{-1} 和 136s^{-1} 应变率下的破坏曲线斜率基本一致，都是有略微的波动，变化速率明显低于 $\rho=300\text{kg/m}^3$ 的泡沫混凝土试件。对于在高应变率 266s^{-1} 下的破坏曲线，孔壁在破坏时，先急剧破坏，承载能力急速下降，接着在某个时段趋于缓和，破坏速度明显降低。

对于三种密度不同的泡沫混凝土应力–应变关系总结如下：在加载初期，三种密度的泡沫混凝土应力应变关系都基本呈线性关系，且随着应变率的增大，动态弹性模量呈增大趋势。当动态荷载逐渐增加，泡沫混凝土进入压实阶段，试样开始塑性坍塌或破坏，此时孔壁仍继续承载，应力呈一波动平台，且随着应变率的增大，应力平台表现得越明显；当荷载继续增大到超过其最大承载力，泡沫混凝土孔壁逐渐破坏，承载力逐渐下降。此阶段，密度为 300kg/m^3 的泡沫混凝土承载力下降速率相较于密度为 450kg/m^3 和 700kg/m^3 的泡沫混凝土明显剧烈，这可能是因为较低密度的泡沫混凝土气孔较大，孔壁较薄，当超过极限承载力时，孔壁迅速发生破坏，试件不再承受荷载。

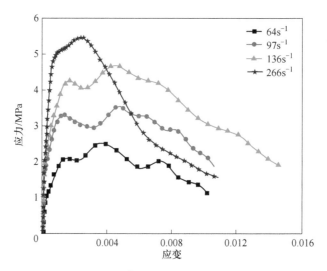

图 6-7　$\rho = 700\text{kg/m}^3$ 泡沫混凝土动态应力–应变曲线

6.5　动态力学性能分析

泡沫混凝土是一种多孔介质材料,其动态力学性能受诸多因素的影响。不同应变率加载条件下材料表现出不同的响应特点,同时,材料自身的结构如密度,胞孔大小及分布等都会对材料的动态力学性能产生不同程度的影响。

动态弹性模量、动态压缩强度、峰值应力、峰值应变等是表征材料动态力学性能的几个重要力学参数。同时,为了对比在冲击荷载和静态荷载作用下材料的强度,引入动态增长因子 DIF(dynamic increase factor)[8],即

$$\text{DIF} = \frac{f_{cd}}{f_{cs}} \tag{6-2}$$

式中,f_{cd} 为泡沫混凝土动态抗压强度;f_{cs} 为泡沫混凝土静态抗压强度。

泡沫混凝土静态抗压强度由 YAW-600 压力试验机上分别测得 $\rho = 300\text{kg/m}^3$、450kg/m^3、700kg/m^3 的泡沫混凝土强度为 0.5MPa、1.2MPa 和 2.46MPa。动态抗压强度由 SHPB 试验测得,其主要动态力学参数见表 6-6。

表 6-6　泡沫混凝土主要动态力学参数

试件编号	表观密度 $\rho/\text{kg} \cdot \text{m}^{-3}$	应变率 $\dot{\varepsilon}/\text{s}^{-1}$	弹性模量 E/GPa	峰值应力 f_c/MPa	峰值应变 $\varepsilon/\%$	DIF
300-1	307	61	0.21	0.68	0.828	1.36
300-2	307	57	0.19	0.65	0.836	1.32

试件编号	表观密度 $\rho/\mathrm{kg \cdot m^{-3}}$	应变率 $\dot{\varepsilon}/\mathrm{s^{-1}}$	弹性模量 E/GPa	峰值应力 f_c/MPa	峰值应变 $\varepsilon/\%$	DIF
300-3	307	101	0.23	0.67	0.866	1.34
300-4	306	106	0.25	0.65	0.871	1.3
300-5	303	150	0.27	0.8	0.806	1.64
300-6	307	146	0.26	0.82	0.797	1.65
300-7	306	247	0.32	1.08	0.537	2.34
300-8	309	254	0.35	1.13	0.547	2.26
450-1	454	62	0.73	1.55	0.551	1.19
450-2	460	58	0.7	1.52	0.54	1.17
450-3	444	101	1.07	1.66	0.5	1.28
450-4	448	103	1.1	1.7	0.488	1.31
450-5	458	138	1.87	2.01	0.185	1.67
450-6	448	142	1.9	2.1	0.197	1.63
450-7	446	255	2.52	2.47	0.284	2.2
450-8	444	251	2.49	2.49	0.295	2.21
700-1	701	64	1.56	2.5	0.366	1.02
700-2	713	61	1.59	2.53	0.372	1.03
700-3	709	101	2.91	3.48	0.462	1.32
700-4	711	97	2.87	3.52	0.459	1.33
700-5	704	138	3.06	4.71	0.46	1.71
700-6	706	136	3.1	4.65	0.456	1.69
700-7	705	253	5.4	5.4	0.233	2.2
700-8	708	266	5.48	5.5	0.241	2.23

6.5.1 加载应变率的影响分析

应变率是材料相对于时间的应变（变形）的变化，是一种加载的测试条件。在本次试验中，通过控制气枪的压力值来控制子弹的速度，进而控制不同的加载应变率。我们设计四种应变率（60s⁻¹、100s⁻¹、140s⁻¹ 和 250s⁻¹）进行单轴冲击试验，分析泡沫混凝土材料在不同应变率下的动态力学性能。

6.5.1.1 应变率对动态弹性模量的影响

图 6-8 为不同应变率对泡沫混凝土动态弹性模量变化关系图。从图中可看出，对于同一种密度的泡沫混凝土，应变率与弹性模量呈线性关系，即随着应变

率的增大，其弹性模量不同程度的增大。$\rho = 300kg/m^3$ 泡沫混凝土在四种不同应变率加载下的弹性模量变化不大，即在应变率 $\dot{\varepsilon} = 60s^{-1}$ 时，弹性模量 $E = 0.2GPa$；在应变率 $\dot{\varepsilon} = 250s^{-1}$ 时，弹性模量 $E = 0.35GPa$，拟合曲线的方程为 $E = 0.00071\dot{\varepsilon}+0.16857$，相关系数 $R^2 = 0.99$，说明拟合良好。$\rho = 450kg/m^3$ 泡沫混凝土弹性模量与应变率的拟合曲线方程为 $E = 0.00929\dot{\varepsilon}+0.25859$，相关系数 $R^2 = 0.93$，说明拟合较好。$\rho = 700kg/m^3$ 泡沫混凝土弹性模量与应变率的拟合曲线方程为 $E = 0.01813\dot{\varepsilon}+0.70052$，相关系数 $R^2 = 0.97$，说明拟合良好。从这些拟合曲线看出，材料的动态弹性模量有明显的应变率线性正相关效应，且随着密度的增大，这种效应越明显。

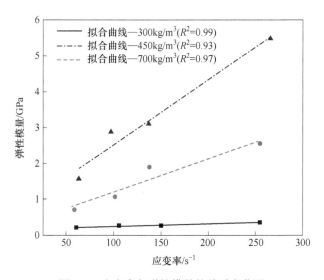

图 6-8 应变率与弹性模量的关系变化图

根据文献［9］所述，混凝土在高应变率下的抗压强度和抗拉强度的提高可能与裂纹在混凝土中的传播途径和传播速度有关。在准静态加载下，宏观裂纹可以在砂浆基质中孔隙周围的球形界面之间通过一条或多条途径传播。在高应变率条件下，应力波的传播速度远远快于裂纹的传播速度，因此裂纹路径会发生变化，这可能会在砂浆基体中产生更多裂纹。所以，在高应变率下，试样裂纹的产生和扩展速度比应力传播速度慢，这种延迟反应使得在给定应力下的应变减小，因此其弹性模量随着应变率增加而增大。密度为 $300kg/m^3$ 的混凝土弹性模量增大的趋势并不明显；而随着密度增加，拟合曲线的斜率逐渐增大，动态弹性模量的增大程度越发明显。密度为 $700kg/m^3$ 的泡沫混凝土，在应变率约为 $250s^{-1}$ 时，其动态弹性模量可达 $5.48GPa$。对于较低密度的泡沫混凝土，其内部的气孔直径较大，气孔之间连接较小，孔壁承载能力较低，在高应变率下，试样发生破坏产生的裂纹速度延迟反应比高密度的泡沫混凝土更小，因此，其弹性模量拟合曲线近乎水平，而对于密度较高的泡沫混凝土，试样发生破坏产生的裂纹速度延迟效应高，弹性模量随应变率的增强趋势越大。

6.5.1.2　应变率对峰值应力的影响

峰值应力是表征泡沫混凝土材料在动态荷载下所能承受的最大荷载力。图6-9为应变率对峰值应力的变化关系图。从图中可看出，峰值应力随应变率的提高而增加，应变率效应明显。对于 $\rho = 300\text{kg/m}^3$ 泡沫混凝土的峰值应力与应变率的拟合曲线方程为 $S = 0.002\dot{\varepsilon} + 0.50261$，相关系数 $R^2 = 0.92$；$\rho = 450\text{kg/m}^3$ 泡沫混凝土的峰值应力与应变率的拟合曲线方程为 $S = 0.00439\dot{\varepsilon} + 1.28373$，相关系数 $R^2 = 0.95$。两者曲线斜率相差不大，说明对于密度较低的泡沫混凝土，应变率影响效应差距不大。对于 $\rho = 700\text{kg/m}^3$ 泡沫混凝土的峰值应力与应变率的拟合曲线方程为 $S = 0.05231\dot{\varepsilon}^2 - 0.000113\dot{\varepsilon} - 0.41805$，相关系数 $R^2 = 0.99$，呈二次函数关系，这说明对于密度较大的泡沫混凝土，应变率的影响并不是完全线性增长。在应变率 140s^{-1} 下，峰值应力的增长斜率较大，而超过 140s^{-1} 后，增长斜率变小，增长速度降低。

这是因为泡沫混凝土内部存在大量的气孔和微裂纹，试样破坏主要是裂纹的产生和扩展，应变率越高，产生的裂纹数目越多，因此需要的能量越多。但由于冲击的瞬时性，材料没有足够的时间进行能量累积，只有通过增加应力的办法来抵消外部能量，因此材料有明显的应变率增强效应。根据拟合曲线可知，密度为 300kg/m^3 和 450kg/m^3 的泡沫混凝土应变率效应近似线性增加，而对于 700kg/m^3 的泡沫混凝土，峰值应力呈二次函数增大。

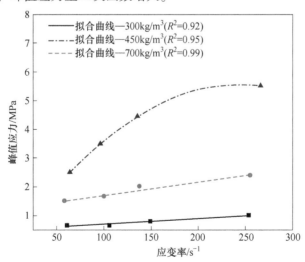

图 6-9　应变率与峰值应力的关系变化图

6.5.1.3　应变率对 DIF 的影响

应变率与动态增长因子（DIF）的关系变化如图 6-10 所示。从图中可看出，DIF 随着应变率的提高而线性增大，也显示出明显的应变率增强效应，这与文献 [10] 中的结果一致。$\rho = 300 kg/m^3$、$\rho = 450 kg/m^3$ 及 $\rho = 700 kg/m^3$ 的泡沫混凝土 DIF 值与应变率关系拟合曲线分别为 $DIF_{300} = 0.0051\dot{\varepsilon} + 0.91198$，$DIF_{450} = 0.00543\dot{\varepsilon} + 0.83115$，$DIF_{700} = 0.00573\dot{\varepsilon} + 0.7606$。对比得出，三条曲线斜率相差不大，且最终相交于一点。这说明应变率效应对不同密度的泡沫混凝土 DIF 值影响相似。在应变率较低的情况下，三种密度的泡沫混凝土试样 DIF 值有较大的差距，$\rho = 300 kg/m^3$ 的试样 DIF 值最大。随着应变率的增大，这种差距在逐渐缩小，在应变率 $\dot{\varepsilon} = 250 s^{-1}$ 时，拟合曲线已相交于一点，三个 DIF 值相差不大。

试样在高应变率加载下的破坏是由于内部裂纹的不同扩展路径和传播速度引起的。应力波的传播时间远比裂纹产生和扩展的速度快，因此裂纹的发展路径不只是在基体附近，气孔之间的连接也导致裂纹的扩展路径和速度不同。这可能是导致泡沫混凝土在高应变率下 DIF 值升高的原因。

在给定应变率下，较低密度的泡沫混凝土的 DIF 值大于高密度的泡沫混凝土 DIF 值，但这种差值随着应变率的升高而减弱。这是因为在较低应变率下，不同的基体密度对压缩强度的影响很大，密度越低，其内部裂纹的扩展路径和传播速度越低，其强度也越低。应变率越大，高密度的泡沫混凝土强度增长越快，因此其 DIF 值也增长越快。

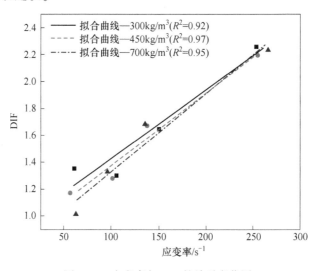

图 6-10　应变率与 DIF 的关系变化图

6.5.2　材料密度的影响分析

泡沫混凝土材料自身的结构特征如密度、胞孔大小及分布也会对其动态力学性能产生不同程度的影响[11]，表 6-7 为泡沫混凝土自身结构的特征参数，其中密度又是影响内部胞孔结构的主要因素。因此，我们制备三种不同密度的泡沫混凝土试样，探究密度对材料动态力学性能的影响。

表 6-7　泡沫混凝土内部胞孔参数

表观密度 $\rho/kg \cdot m^{-3}$	胞孔分布	胞孔直径 $r/\mu m$	胞孔占比/%
300	较均匀	2000~4000	74.40
450	均匀	1000~2000	64.70
700	均匀	500~900	57.10

6.5.2.1　密度对动态弹性模量的影响

图 6-11 为密度与弹性模量关系变化图。从图中可知，在给定应变率加载下，弹性模量随密度的增大而线性增大。在材料密度 $\rho = 300kg/m^3$ 时，四种应变率加载下的弹性模量差距不大。随着密度的增加，应变率对弹性模量的影响显现出明显的增强效应。在材料密度 $\rho = 700kg/m^3$ 时，不同应变率加载下的弹性模量差别很大，在应变率约为 $250s^{-1}$ 时，其动态弹性模量可达 5.48GPa。在 $60s^{-1}$、$100s^{-1}$、$140s^{-1}$ 和 $250s^{-1}$ 应变率加载下，弹性模量与密度的关系拟合曲线方程分别为 $E_{60} = 0.00344\rho - 0.85954$，$E_{100} = 0.00651\rho - 1.77177$，$E_{140} = 0.00683\rho - 1.59343$ 和 $E_{250} = 0.01265\rho - 3.38568$。从四条拟合曲线看出，在 $100s^{-1}$ 和 $140s^{-1}$ 应变率加载下的曲线斜率近似相等，说明在 $100 \sim 140s^{-1}$ 中应变率下，密度对弹性模量的影响相似。在 $60s^{-1}$ 低应变率加载下，曲线斜率较低，而在 $250s^{-1}$ 高应变率加载下，曲线斜率较大，说明在低应变率下，材料的密度对弹性模量增大的影响速率较小；当在高应变率下时，密度会很大程度影响材料的弹性模量。

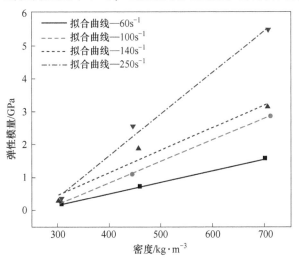

图 6-11　密度与弹性模量的关系变化图

密度越大的泡沫混凝土，其内部孔径越小，气孔之间连接越多，在冲击荷载下材料内部的裂纹发展和传播的路径越多，延迟效应越明显，因此，弹性模量越大。根据拟合曲线可知，在 $60s^{-1}$ 应变率加载下，弹性模量随密度增加的斜率较低；当在高应变率加载下，其增加的斜率越大，这种密度增强效应越明显。

6.5.2.2   密度对峰值应力的影响

图 6-12 为密度与峰值应力的关系变化图。从图中可看出，在 $60 \sim 250s^{-1}$ 应变率范围内，峰值应力与材料密度呈线性增长关系。在 $60s^{-1}$ 应变率下，材料峰值应力与密度的关系拟合曲线方程为 $S = 0.00457\rho - 0.66947$，斜率较小，增长速度较慢。当加载应变率变大时，密度对峰值应力的影响也在逐渐增强。$100 \sim 250s^{-1}$ 应变率下，材料峰值应力与密度的关系拟合曲线方程分别为 $S_{100} = 0.00707\rho - 1.49983$，$S_{140} = 0.00968\rho - 2.24892$，$S_{250} = 0.01103\rho - 2.34744$。从这四条曲线看出，曲线斜率在逐渐递增，说明密度的影响程度随着加载应变率的增大而增强。$\rho = 300kg/m^3$ 泡沫混凝土峰值应力在四种应变率加载下的峰值应力相差不大，应变率效应并不明显；随着密度的增加，内部的微裂纹产生和扩展的路径越多，其强度越大，$\rho = 700kg/m^3$ 泡沫混凝土在不同应变率下的峰值应力表现明显。

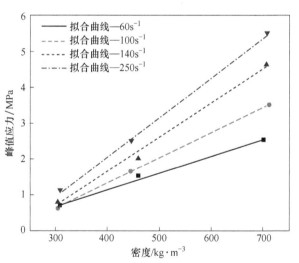

图 6-12   密度与峰值应力的关系变化图

6.5.2.3   密度对 DIF 的影响

密度与泡沫混凝土 DIF 值的变化关系如图 6-13 所示。从图中明显看出，在低应变率和高应变率加载下，密度对 DIF 的影响截然不同。在较低应变率加载下，DIF 值随密度的增大而降低，当应变率超过 $100s^{-1}$ 时，DIF 值基本不随密度的增加而改变。在 $60\mathrm{s}^{-1}$ 应变率下，DIF 值与密度的关系拟合曲线方程为 DIF $= -0.0008414\rho+1.59506$，曲线斜率为负。$100\mathrm{s}^{-1}$、$140\mathrm{s}^{-1}$、$250\mathrm{s}^{-1}$ 应变率下，DIF 与密度的拟合曲线方程分别为 $\mathrm{DIF}_{100}=8.94e-5\rho+1.25979$，$\mathrm{DIF}_{140}=1.2e-4\rho+1.60797$，$\mathrm{DIF}_{250}=-4.999e-5\rho+2.25438$，曲线斜率很小，基本为一水平直线，说明密度对材料的 DIF 值几乎没有影响。

当在较低应变率（$60\mathrm{s}^{-1}$）加载时，随着密度的增大，DIF 值逐渐减小；当应变率超过 $100\mathrm{s}^{-1}$ 时，DIF 值基本不随密度的增加而改变，因此，密度的改变会对低应变率加载下泡沫混凝土的 DIF 值造成影响，对高应变率加载下的 DIF 值影响不大。

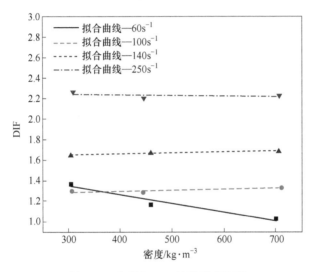

图 6-13　密度与 DIF 的关系变化图

6.6　分形维数研究

考虑到破损物粒度分析的质量要求，对于粒径大于 5mm 或其某一特征长度大于 5mm 的破损物，通过手工测量获得长、宽和厚度的特征并进行称重，粒径小于 5mm 的破损物通过筛分方法获得不同粒组范围的质量分布特征，试样破碎后破损物分形计算结果见表 6-8。

表 6-8　泡沫混凝土破损物粒度分形统计

试样编号	应变率 $\dot{\varepsilon}/\mathrm{s}^{-1}$	不同粒径破损物累计质量 M_t/g						总质量 M_t/g	分形维数 D
		<1mm	1~5mm	5~10mm	10~15mm	15~20mm	20~25mm		
300-1	61	4.1	1.7	2.6	2.9	2.6	0	13.9	3.11
300-4	106	5	2.5	2.6	3.8	0	0	13.9	3.16

试样编号	应变率 $\dot{\varepsilon}/s^{-1}$	不同粒径破损物累计质量 M_r/g						总质量 M_t/g	分形维数 D
		<1mm	1~5mm	5~10mm	10~15mm	15~20mm	20~25mm		
300-5	136	5.1	2.5	3.1	3	0	0	13.1	3.31
300-8	254	7.5	1.6	1.5	2.8	0	0	13.4	3.47
450-2	58	3.4	4.6	4.9	6.4	0	0	19.3	2.79
450-3	101	5.4	3.7	4.5	4.5	0	0	18.1	3.07
450-5	138	6.7	4.5	5	2.5	0	0	18.7	3.28
450-7	255	8.8	3.6	4.4	1.5	0	0	18.3	3.53
700-1	64	1.4	1.2	4.4	6.7	5.4	13	32.1	2.34
700-4	97	3.8	4	4.3	9.2	11.6	0	32.9	2.66
700-6	136	11.6	8.1	5.8	4.4	0	0	29.9	3.34
700-8	266	17.1	4.1	7.1	2.7	0	0	31	3.57

6.6.1　应变率对分形维数影响分析

图6-14为应变率与分形维数之间的变化关系。从图中可看出，泡沫混凝土在冲击荷载下的分形维数随着应变率的增大而增大，说明材料的总体损伤与加载应变率有关。应变率越高，总体损伤越大，破碎粒径越小，破坏程度越剧烈。当加载应变率低于140s^{-1}时，低密度泡沫混凝土的分形维数大于高密度泡沫混凝土的分形维数；而当应变率超过140s^{-1}时，则表现出相反的趋势。即在应变率约为140s^{-1}时，分形维数表现出一种过渡行为。从宏观角度分析，泡沫混凝土

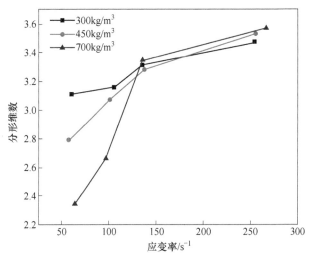

图6-14　应变率与分形维数的变化关系

内部胞孔的尺寸和分布导致了这种现象。冲击荷载下材料的破坏是内部微裂纹损伤的结果[12]。胞孔周围裂纹孕演的不同路径和速度将导致不同程度的损伤。当试件在低应变率下加载时，裂纹可能沿着胞孔周围的一条或者几条路径扩展。而在高应变率下加载时，裂纹通过材料基体转换路径，减少裂纹的长度。由于加载而产生的能量会被破坏胞孔周围的孔壁所消耗，并且产生更多的微裂纹。与低孔隙率试件相比，高孔隙率试件的路径变换效应和能量消耗更大，导致砂浆基体中裂缝密度更高，碎块更小。高密度泡沫混凝土在相同的高应变率冲击下，内部孔隙较小，分布较广，导致损伤程度比低密度泡沫混凝土的损伤更为严重。

6.6.2 动态弹性模量与分形维数关系分析

分形维数与动态弹性模量的变化关系如图 6-15 所示。图中表明，分形维数与弹性模量之间存在线性正比关系，即随着分形维数的增大，弹性模量也在增大。这说明，材料破坏的损伤程度越大，动态弹性模量也就越大。三种不同密度的泡沫混凝土，其拟合曲线方程分别为 $E_{300} = 0.35156D - 0.87698$，$E_{450} = 2.55104D - 6.54043$，$E_{700} = 2.49064D - 4.16338$。对于密度为 300kg/m^3 的泡沫混凝土而言，在四种应变率冲击破坏后的损伤程度已经很大，分形维数变化范围为 $3.11 \sim 3.47$，材料内部裂纹的扩展和传播速度相差不大，因此弹性模量变化不大，拟合曲线基本为一水平直线。材料密度越大，在不同应变率破坏后的损伤程度变化范围也就越大，弹性模量的变化随损伤程度的增大也就越明显。

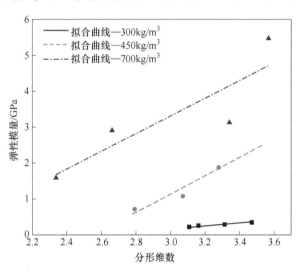

图 6-15　分形维数与动态弹性模量的变化关系

6.6.3 峰值应力与分形维数关系分析

峰值应力与分形维数变化关系如图 6-16 所示。从图中可看出，峰值应力与分形维数呈线性正比关系，即分形维数越大，峰值应力越高。这表明，材料破坏的损伤程度越大，峰值应力越大。这也与之前得出的材料破坏越剧烈，峰值应力越大的结论一致。三种不同密度的泡沫混凝土，其峰值应力拟合曲线方程分别为 $S_{300} = 1.29181D - 3.39954$，$S_{450} = 1.30322D - 2.21294$，$S_{700} = 2.25632D - 2.6757$。密度为 300kg/m^3 和 450kg/m^3 的斜率相差不大，说明损伤程度对中低密度的材料峰值应力变化相似。对于高密度的泡沫混凝土而言，材料在四种不同应变率下的损伤程度大不相同，因此其对峰值应力的变化影响较大。

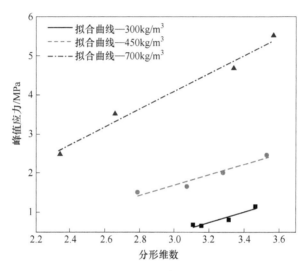

图 6-16　分形维数与峰值应力的变化关系

6.6.4　DIF 与分形维数关系分析

图 6-17 揭示了分形维数与动态增长因子 DIF 的变化关系。从图中拟合曲线看出，DIF 值随着分形维数呈二次函数增大。这表明，材料破坏的损伤程度越大，其 DIF 值越大，且这种增长的速度越快。三种不同密度的泡沫混凝土 DIF 值拟合曲线方程分别为 $\text{DIF}_{300} = 7.271D^2 - 45.243D + 71.71$，$\text{DIF}_{450} = 1.857D^2 - 10.3143D + 15.48$，$\text{DIF}_{700} = 0.4746D^2 - 1.939D + 3.016$。从三条曲线看出，密度为 300kg/m^3 的泡沫混凝土 DIF 值增长速度最快，密度为 700kg/m^3 的泡沫混凝土 DIF 值增长速度最慢，这说明密度越低的泡沫混凝土，DIF 值随着材料破坏损伤程度的增长速度越大。从材料自身角度来看，密度越低，其损伤程度的变化范围越小，DIF 值在这范围内增长速度也就越快。密度越大，其损伤程度的变化范围也就越大，DIF 值的增长速度也就有所减慢。

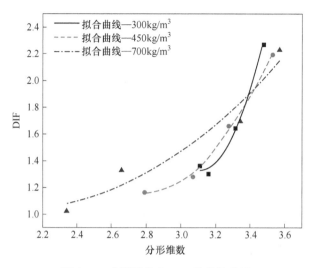

图 6-17　分形维数与 DIF 的变化关系

6.6.5　材料冲击破坏模式

在不同应变率下，三种不同密度的泡沫混凝土在 SHPB 冲击破坏形态如图
6-18~图 6-20 所示。根据前述试样破坏的分形特征，应变率越高，试件破坏后的
分形维数越大，破碎粒径越小，破坏程度越剧烈，将泡沫混凝土的破碎程度主要
分为碎块、破碎、粉碎、严重粉碎等。密度为 300kg/m³ 和 450kg/m³ 的泡沫混凝
土试样的破坏形态相似，即在较低应变率（60s⁻¹）冲击下已经发生破碎，试样
被分裂成许多大尺寸碎块；随着应变率逐渐增大到 100s⁻¹，破碎变得更为剧烈，
碎块的尺寸和数量有所减少。当应变率达到约为 140s⁻¹ 时，可以看出试样已经被

(a)　　　　　　　　　　　　　　(b)

（c）　　　　　　　　　　　　　　　（d）

图 6-18　$\rho = 300\text{kg/m}^3$ 泡沫混凝土在不同应变率下的破坏形态

（a）61s^{-1}（破碎）；（b）106s^{-1}（破碎）；（c）150s^{-1}（粉碎）；（d）254s^{-1}（严重粉碎）

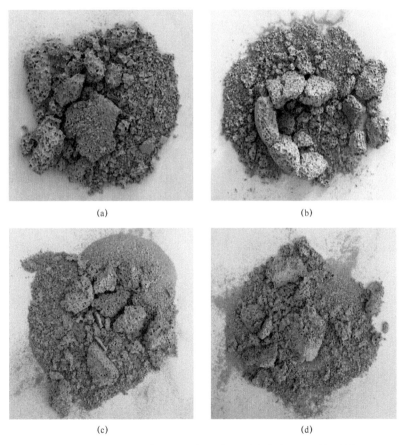

图 6-19　$\rho = 450\text{kg/m}^3$ 泡沫混凝土在不同应变率下的破坏形态

（a）58s^{-1}（破碎）；（b）101s^{-1}（破碎）；（c）138s^{-1}（粉碎）；（d）255s^{-1}（严重粉碎）

图 6-20 $\rho = 700\text{kg/m}^3$ 泡沫混凝土在不同应变率下的破坏形态
(a) 64s^{-1}（碎块）；(b) 97s^{-1}（破碎）；(c) 136s^{-1}（粉碎）；(d) 266s^{-1}（严重粉碎）

严重破坏，且产生许多粉末碎屑；在应变率高达 250s^{-1} 时，试样已经被严重粉碎，粉末碎屑增多，碎块数目相对较少。从图 6-18（a）中可看出，700kg/m^3 的泡沫混凝土试样在 60s^{-1} 应变率下被分裂成大块，试样的基本轮廓还较为完整；当应变率增加至 100s^{-1} 时，试样破碎产生较多中等尺寸碎片；当应变率增加至 140s^{-1} 时，试样在冲击荷载下已经粉碎，碎屑的数量明显增多；在高应变率 250s^{-1} 下，试样被严重粉碎，并产生许多粉末碎屑，其粒径比密度为 300kg/m^3 和 450kg/m^3 的泡沫混凝土碎屑粒径更小。这是因为密度大的泡沫混凝土气孔与气孔之间的连接较小，在承受高应变率的冲击荷载时，较大的压力将孔壁压实，气孔与气孔间连接被压碎,宏观表现为产生更为严重的破碎,其粉末粒径更小。泡沫混凝土的破坏模式与分形特征有很好的一致性。

6.7　本章小结

本章利用 SHPB 试验系统对密度为 $300kg/m^3$、$450kg/m^3$、$700kg/m^3$ 的泡沫混凝土进行 $60\sim250s^{-1}$ 应变率加载下的一系列试验研究,试验过程中采用高速摄影机捕捉泡沫混凝土的动态破坏过程及半导体应变片对波形进行数据采集。基于分形理论,研究泡沫混凝土在冲击荷载下材料的分形特征及动态损伤规律,探讨分形维数与加载应变率及材料动态力学性能之间的关系,通过对试验结果进行分析,得到以下结论:

(1) 泡沫混凝土的冲击响应是一个瞬态过程,且破坏极为剧烈。冲击过程中,应力波由入射杆传至试件与杆端交界处,泡沫混凝土试件开始破坏,试件与入射杆接触面先产生微弱的破裂,且裂纹逐渐扩展。当应力波到达试件时,试件继续受到冲击荷载作用,原先的破裂面有较小的颗粒碎屑崩出。随着时间的增加,破坏已从入射端面向中部扩散,试件表面有许多碎屑剥落飞出。最终,试件中部已经破坏失效,许多碎屑飞出,裂纹贯通整个试件。

(2) 三种密度的泡沫混凝土入射波和反射波大致呈三角状,波形有轻微的振荡。入射波和反射波之间的时间间隔大约为 $500\mu s$,说明此时应力波透过试件,开始产生透射波。三种不同密度的泡沫混凝土透射波幅值差异较大。$\rho=300kg/m^3$ 的泡沫混凝土透射波曲线基本为一直线,幅值不明显。而 $\rho=450kg/m^3$ 和 $\rho=700kg/m^3$ 的泡沫混凝土透射波幅值有明显的变化。

(3) 在加载初期,三种密度的泡沫混凝土应力应变关系都基本呈线性关系,且随着应变率的增大,动态弹性模量呈增大趋势。当动态荷载逐渐增加,泡沫混凝土进入压实阶段,试样开始塑性坍塌或破坏,此时孔壁仍继续承载,应力呈一波动平台,且随着应变率的增大,应力平台表现得越明显;当荷载继续增大到超过其最大承载力,泡沫混凝土孔壁逐渐破坏,承载力逐渐下降。

(4) 泡沫混凝土的动态弹性模量有明显的应变率增强效应。对于同一种密度的泡沫混凝土,应变率与弹性模量呈线性关系,即随着应变率的增大,其弹性模量不同程度的增大,且随着密度的增大,这种增强效应越明显。材料的峰值应力随应变率的提高而增加,应变率效应明显。密度为 $300kg/m^3$ 和 $450kg/m^3$ 的泡沫混凝土应变率效应近似线性增加,而对于 $700kg/m^3$ 的泡沫混凝土,峰值应力呈二次函数增大。DIF 值随着应变率的提高而线性增大,也显示出明显的应变率增强效应。

(5) 泡沫混凝土的动态力学性能显示出明显的密度依赖性。在给定应变率加载下，弹性模量随密度的增大而线性增大。在材料密度 $\rho = 300\text{kg/m}^3$ 时，四种应变率加载下的弹性模量差距不大。随着密度的增加，应变率对弹性模量的影响显现出明显的增强效应。在 $60 \sim 250\text{s}^{-1}$ 应变率范围内，峰值应力与材料密度呈线性增长关系。当加载应变率变大时，密度对峰值应力的影响也在逐渐增强。当在较低应变率（60s^{-1}）加载时，随着密度的增大，DIF 值逐渐减小；当应变率超过 100s^{-1} 时，DIF 值基本不随密度的增加而改变，因此，密度的改变会对低应变率加载下泡沫混凝土的 DIF 值造成影响，对高应变率加载下的 DIF 值影响不大。

（6）泡沫混凝土在冲击破坏过程中产生的粒度缩减正是其内部细观损伤在应力作用下的宏观体现，研究了泡沫混凝土在冲击荷载下材料的分形特征及动态损伤规律，探讨分形维数与加载应变率及材料动态力学性能之间的关系。结果表明：泡沫混凝土在冲击荷载下的分形维数随着应变率的增大而增大，说明材料的总体损伤与加载应变率有关。应变率越高，总体损伤越大，破碎粒径越小，破坏程度越剧烈。动态弹性模量和峰值应力与分形维数之间存在线性正比关系，而DIF 值与分形维数呈二次函数增大关系。此外，根据材料破坏的分形特征，将泡沫混凝土的破碎程度主要分为碎块、破碎、粉碎、严重粉碎等。泡沫混凝土在不同应变率冲击下的破坏模式与分形特征有很好的一致性。

参 考 文 献

［1］方秦，洪建，张锦华，等. 混凝土类材料 SHPB 实验若干问题探讨［J］. 工程力学，2014，31（5）：1~14，26.

［2］周明杰，王娜娜，赵晓艳，等. 泡沫混凝土的研究和应用最新进展［J］. 混凝土，2009（4）：104~107.

［3］Ramamurthy K, Nambiar E K K, Ranjani G I S. A classification of studies on properties of foam concrete［J］. Cement & Concrete Composites, 2009, 31（6）：388~396.

［4］Zhang Z, Provis J L, Reid A, et al. Mechanical, thermal insulation, thermal resistance and acoustic absorption properties of geopolymer foam concrete［J］. Cement & Concrete Composites, 2015, 62：97~105.

［5］唐明，徐立新，闫振甲. 泡沫混凝土材料与工程应用［M］. 北京：中国建筑工业出版社，2013：1~5.

［6］张云飞，陈岳敏，郭中光，等. 化学发泡法泡沫混凝土稳定性的研究［J］. 混凝土，2013（5）：141~143.

［7］Miao Y G, Li Y L, Deng Q, et al. Investigation on experimental method of low-impedance materials using modified Hopkinson pressure bar［J］. Journal of Beijing Institute of Technology, 2015, 24（2）：269~276.

［8］Comite Euro-International du Beto. CEB-FIP model code 1990: Design code［M］. Thomas Telford Publishing, 1993.

[9] Wang S S, Zhang M H, Quek S T. Mechanical behavior of fiber-reinforced high-strength concrete subjected to high strain-rate compressive loading [J]. Construction and Building Materials, 2012, 31 (6): 1~11.

[10] Deng Z, Cheng H, Wang Z, et al. Compressive behavior of the cellular concrete utilizing millimeter-size spherical saturated SAP under high strain-rate loading [J]. Construction and Building Materials, 2016, 119: 96~106.

[11] Feng S, Zhou Y, Li Q M. Damage behavior and energy absorption characteristics of foamed concrete under dynamic load [J]. Construction and Building Materials, 2022, 357: 129340.

[12] Zhou Y, Zou S, Wen J, et al. Study on the damage behavior and energy dissipation characteristics of basalt fiber concrete using SHPB device [J]. Construction and Building Materials, 2023, 368: 130413.

第三部分

数值模拟

7　数值模拟指南

7.1　研究背景

在动力学试验中，由于材料的局限性，不能直接表征出内部的破裂规律，其对试验样品具有损坏性且试验结果具有一定的离散性。只能得到试样的部分宏观参数，不能揭示其内部演变规律。因此为了得到复合岩体内部损伤特征，结合 LS-DYNA 软件对 SHPB 试验开展模拟。

本次模拟基于 ANSYS15.0 软件、LS-PREPOST14.2 软件和 LS-DYNA（18版）软件开展，各个软件负责职能如图 7-1 所示。ANSYS 作为强大的数值模拟软件，拥有较为高效便捷的建模和网格划分手段，但对于细观参数例如 HJC 本构模型，＊MAT ADD EOISON 侵蚀关键字定义等不够成熟，需要借助 LS-PREPOST（后简称为 LSPP）软件。

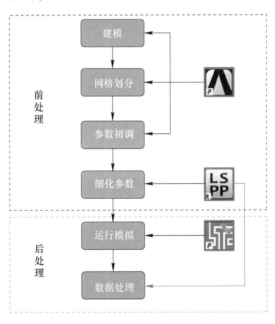

图 7-1　各软件职能示意图

本次冲击载荷下的层状岩体动态力学特性及破裂机理研究内容为，将软岩类代表煤岩和硬岩类代表白砂岩借助环氧树脂黏合，利用分离式霍普金森压杆（SHPB）实施不同方向、不同速率的加载试验，其中SHPB试验装置如图7-2所示，压杆直径为50mm，子弹为纺锤形，冲击波波形为正弦波，入射杆和透射杆为2.5m，材质为合金钢，密度为$7.8 \times 10^3 \mathrm{kg/m^3}$，弹性模量为240GPa，纵波波速为5200m/s。

图 7-2　SHPB 试验测试系统

　　需要说明的是，本次模拟采用 HJC 本构模型细化煤岩和白砂岩的相关参数，HJC 全称为 Johnson-Homquist-Cook 本构模型，被广泛应用于考虑损伤情况下的大应变率加载情况，在动力冲击领域应用较为广泛。如图7-3所示，HJC 本构模型可利用 3 项多项式状态方程来描述煤岩压力 p 与体积应变 μ 的关系，分别是弹性阶段（OA 段），塑性相（AB 段）和材料的致密压实相（BC 段），可充分表征加载过程中的裂隙发育细观机制。

　　第一阶段静水压力和体积应变呈线性关系（$p < p_\mathrm{c}$，p_c 为弹性极限时的静水压）：

$$p = K_e \mu \tag{7-1}$$

式中，p 为静水压力；K_e 为体积模量；μ 为体积应变。

　　第二阶段是材料压实时的塑性相（$p_\mathrm{c} \leqslant p \leqslant p_1$），加载段和卸载段方程分别为：

$$p = p_1 + \frac{(p_1 - p_\mathrm{c})(u - u_\mathrm{c})}{\mu_1 - \mu_\mathrm{c}} \tag{7-2}$$

$$p - p_{\max} = [(1 - F)K_\mathrm{e} + FK_1](\mu - \mu_{\max}) \tag{7-3}$$

$$F = \frac{\mu_{\max} - \mu_\mathrm{c}}{\mu_1 - \mu_\mathrm{c}} \tag{7-4}$$

式中，p_1 和 μ_1 分别为压实应力和应变；$p_{\max}$ 和 $\mu_{\max}$ 分别为卸载前的最大体积压力和应变；K_1 为塑性体积模量；F 为卸载比例系数。此阶段试样被逐渐压密，开始出现裂缝。

第三阶段是致密压实段（$p_1 \leqslant p$），加载段和卸载段方程分别为：

$$p = k_1 \overline{\mu} + k_2 \overline{\mu}^2 + k_3 \overline{\mu}^3 \tag{7-5}$$

$$\overline{\mu} = \frac{\mu - \mu_1}{1 + \mu_1} \tag{7-6}$$

$$p - p_{max} = K_1(\mu - \mu_{max}) \tag{7-7}$$

式中，k_1、k_2、k_3 为压力常数；$\overline{\mu}$ 为修正的体积应变。此阶段试样已经被完全致密压实。

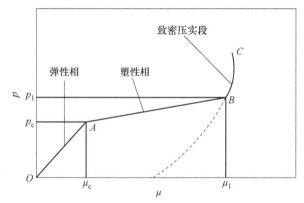

图 7-3 HJC 本构模型状态方程

在 LS-DYNA 软件里，HJC 模型共有 21 个参数，结合标准样测量得到的参数与文献中相接近的模型参数，我们选定了煤单体和白砂岩的材料参数，见表 7-1、表 7-2。

表 7-1 白砂岩 HJC 参数

$\rho_0/\mathrm{kg \cdot m^{-3}}$	G/Pa	f_c/Pa	S_{max}	D_1	D_2	$\varepsilon_{f,min}$	f_s
2401	4.81×10^8	4.51×10^7	7	0.04	1	0.01	0.01

T/Pa	P_c/Pa	μ_c	k_1/Pa	k_2/Pa	k_3/Pa	$\dot{\varepsilon}_0$
4×10^6	1.6×10^7	0.001	8.5×10^{10}	-1.7×10^{11}	2.08×10^{11}	60

表 7-2 煤单体 HJC 参数

$\rho_0/\mathrm{kg \cdot m^{-3}}$	G/Pa	f_c/Pa	S_{max}	D_1	D_2	$\varepsilon_{f,min}$	f_s
1460	1.45×10^9	1.43×10^7	7	0.027	1	0.01	0.04

T/Pa	P_c/Pa	μ_c	k_1/Pa	k_2/Pa	k_3/Pa	$\dot{\varepsilon}_0$
1.86×10^6	3×10^7	0.12	8.5×10^{10}	-1.7×10^{11}	2.08×10^{11}	60

7.2　ANSYS 前处理

7.2.1　创建物理环境

（1）启动 ANSYS 程序。在"开始"菜单中依次选取"所有程序"/
"ANSYS15.0"/"Mechanical APDL Product Launcher"得到"15.0：ANSYS
Mechanical APDL Product Launcher"对话框。选择"File Management"，在
"Simulation Environment"下拉框中选择 ANSYS，"License"下拉框中选择 ANSYS
Multiphysics，在"Add-on Modules"框中选择"LS-DYNA（-DYN）"，在
"Working Directory"栏中输入工作目录"C \ Users \ ansys \ 2021.11.25"，在
"Job Name"栏中输入文件名"SHPB"。然后单击"RUN"进入 ANSYS15.0 的
GUI 操作界面。如图 7-4 所示。

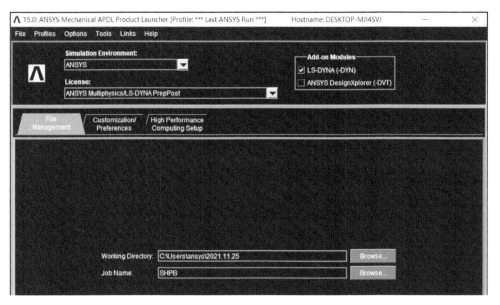

图 7-4　启动 ANSYS 程序

（2）设置 GUI 菜单过滤。在"Main Menu"菜单中选取"Preferences"选项，
打开菜单过滤设置对话框，如图 7-5 所示。选中"LS-DYNA Explicit"复选框，
然后单击"OK"按钮。

（3）设置单元类型和选项。Main Menu：Preprocessor > Element Type > Add/
Edit/Delete，弹出如图 7-6 所示的"Element Type"对话框。在点击"Add"按
钮，在弹出的"Library of Element Types"对话框中分别选择"LS-DYNA Explicit"
和"3D Solid 164"，单击"Apply"按钮，如图 7-7 所示。

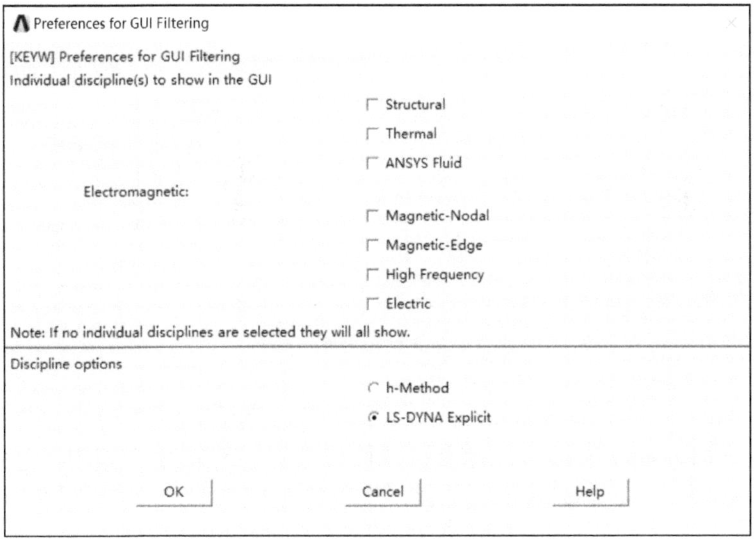

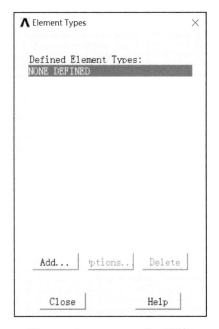

图 7-5　菜单过滤设置对话框

图 7-6　"Element Type" 对话框

（4）定义材料属性。

1）在 ANSYS "Main Menu" 菜 单 中 选 取 "Preprocessor" / "Material Props" / "Material Models" 菜单项，打开定义材料本构模型对话框，如图 7-8 所

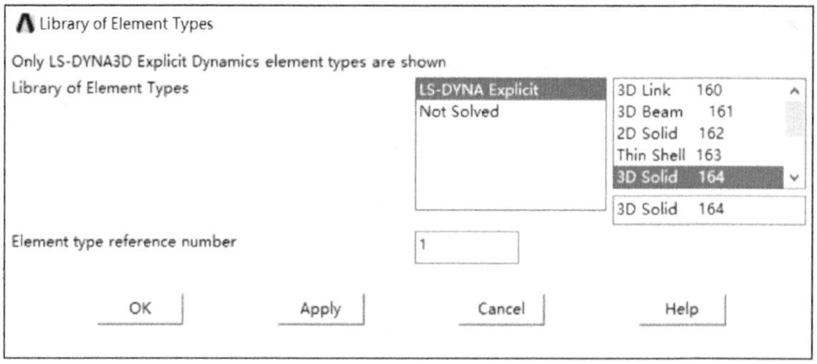

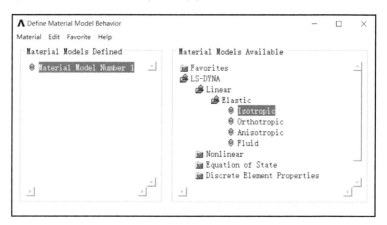

图 7-7　单元类型库对话框

示。在"Material Models Available"分组框中选取"LS-DYNA"／"Linear"／"Elastic"／"Isotropic"选项，弹出线弹性材料模型对话框，如图 7-9 所示，按照提示输入密度、弹性模量和泊松比。这里输入压杆和弹头的参数，其密度为 $7800\mathrm{kg/m^3}$，弹性模量为 240GPa(240e9)，泊松比为 0.3。

图 7-8　定义材料本构模型对话框

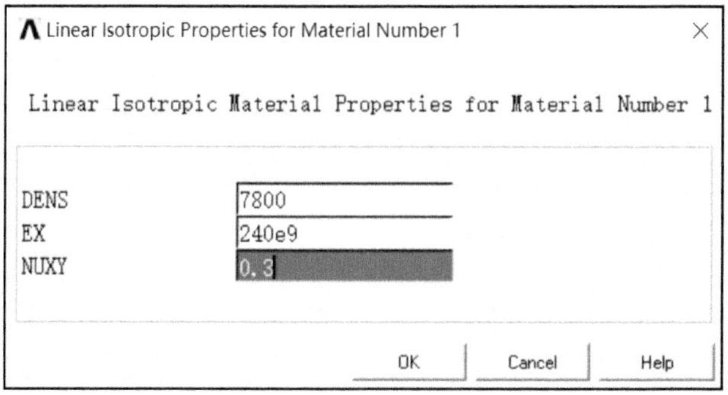

图 7-9　定义压杆和弹头的参数输入框

2）在"定义材料本构模型"对话框的"Material"下拉菜单中选取"New Model"选项，打开定义材料编号对话框，如图 7-10 所示，接受缺省编号："2"，然后单击"OK"按钮。继续在"Material Models Available"分组框中依次选取"LS-DYNA"／"Linear"／"Elastic"／"Isotropic"选项，弹出线弹性材料模型对话框，按照提示输入密度、弹性模量和泊松比。这里与材料 1 一致，然后单击"OK"按钮，同理定义材料 3，接受缺省编号："3"，如图 7-11 所示。接着继续在"定义材料本构模型"对话框的"Material"下拉菜单中选取"New Model"选项，打开定义材料编号对话框，接受缺省编号："4"，然后单击"OK"按钮。继续在"Material Models Available"分组框中依次选取"LS-DYNA"／"Equation of State"／"Gruneisen"／"Johnson-Cook"选项，如图 7-12 所示。需要说明的是，ANSYS 里内置的 HJC 本构模型与常用的岩石 HJC 本构模型不符，因此这里定义的模型仅仅是为了划分网格和 PART 做准备，因此在材料模型对话框里只填写"DENS"为"1"，点击"OK"，如图 7-13 所示。同理定义 HJC 本构模型材料 5，接受缺省编号："5"，如图 7-14 所示。

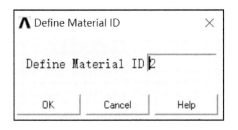

图 7-10　定义材料编号对话框

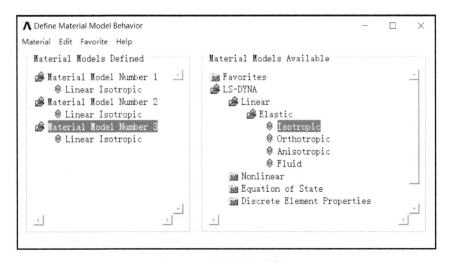

图 7-11　定义材料 3 模型

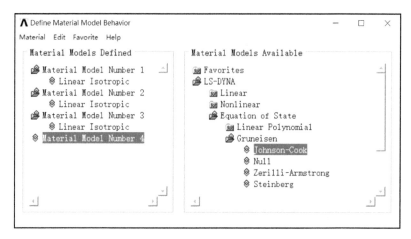

图 7-12　定义 HJC 本构模型

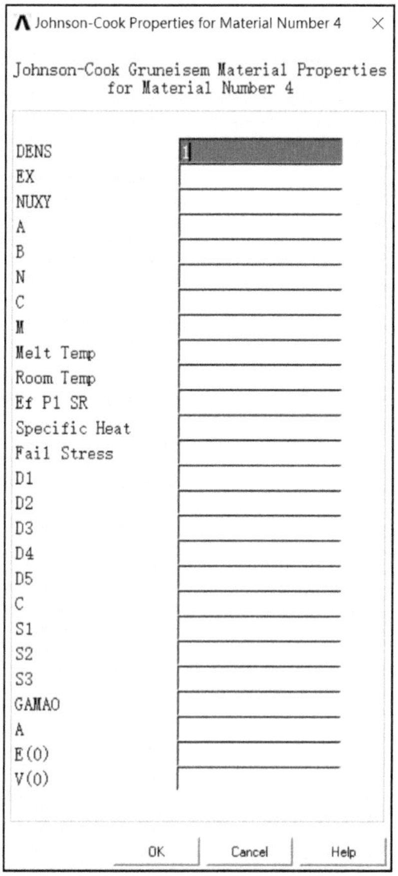

图 7-13　HJC 本构模型参数设置

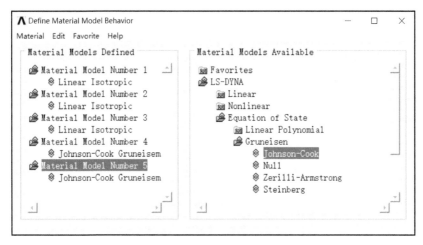

图 7-14 定义 HJC 本构模型参数

7.2.2 建立模型

本实例中，模型共由五部分组成，由前至后分别为：弹头、入射杆、试样1、试样 2、透射杆。其中弹头尺寸如图 7-15 所示，压杆长为 2.5mm，试样 1、2长为 25mm，压杆与试样宽都为 50mm。

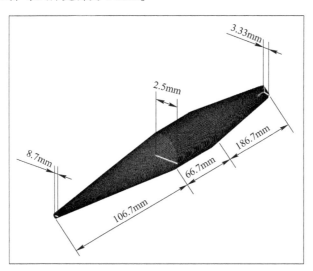

图 7-15 弹头模型尺寸

（1）在 ANSYS "Main Menu" 菜单中依次选取 "Preprocessor" /"Modeling" / "Create" / "Volumes" / "Cylinder" / "by Dimensions" 选项，弹出绘制圆柱的参数对话框。按照压杆和试样的参数输入数值，为了简化模型和计

算采取四分之一模型建模，压杆和试样建模完成后点击"Apply"按钮。透射杆、试样 2、试样 1、入射杆的参数分别如图 7-16~图 7-19 所示。

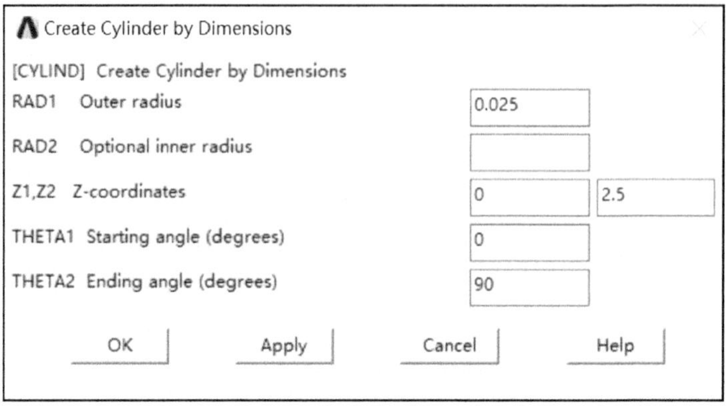

图 7-16　透射杆模型参数

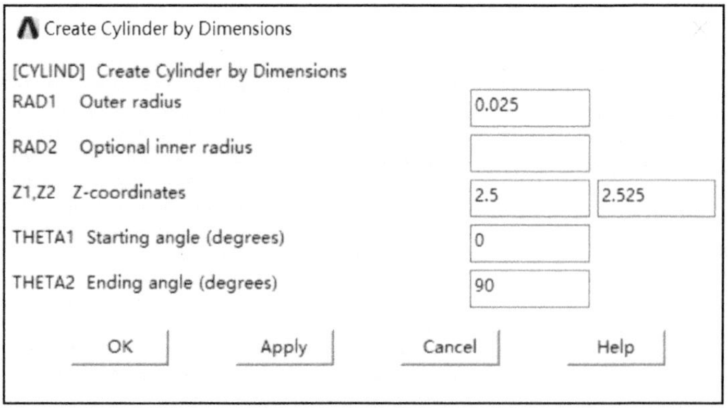

图 7-17　试样 2 模型参数

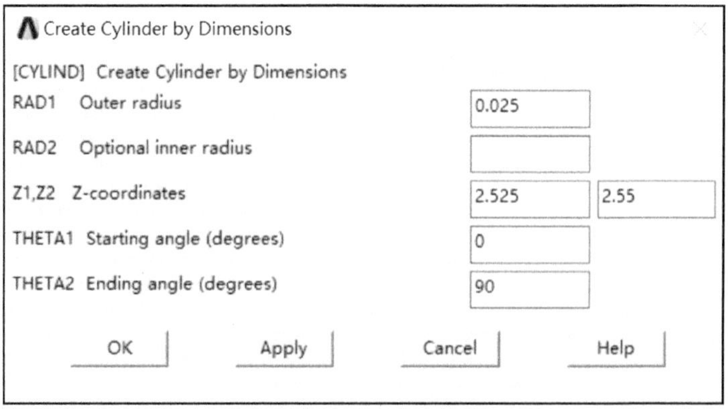

图 7-18　试样 1 模型参数

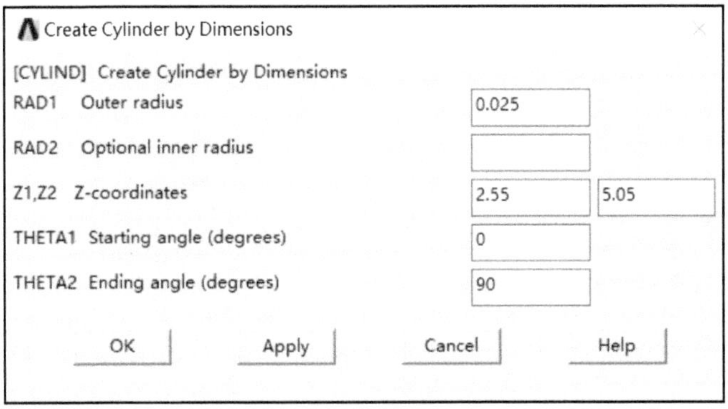

图 7-19　入射杆模型参数

（2）在 ANSYS "Main Menu" 菜 单 中 依 次 选 取 "Preprocessor" /
"Modeling" / "Create" / "Volumes" / "Cone" / "by Dimensions" 选项，弹出
绘制圆锥的参数对话框，按照弹头的参数输入数值，建模完成后点击 "Apply"
按钮。其参数分别如图 7-20~图 7-22 所示。

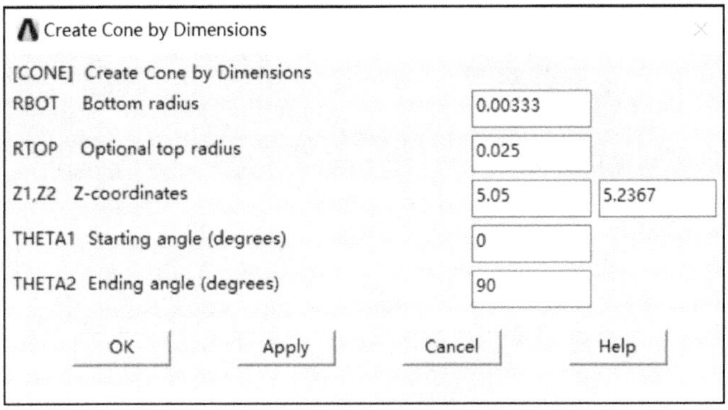

图 7-20　弹头 1 部分模型参数

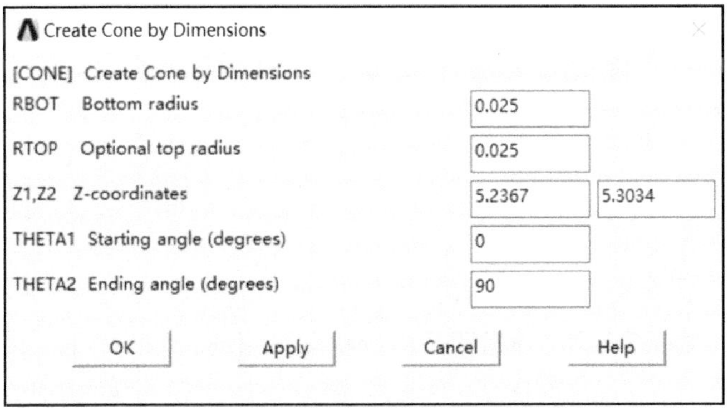

图 7-21　弹头 2 部分模型参数

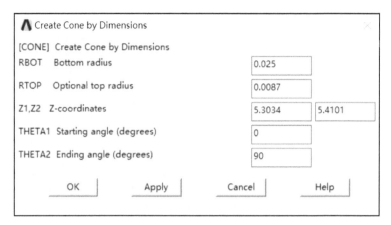

图 7-22　弹头 3 部分模型参数

（3）最终创建好的体图形如图 7-23 所示。

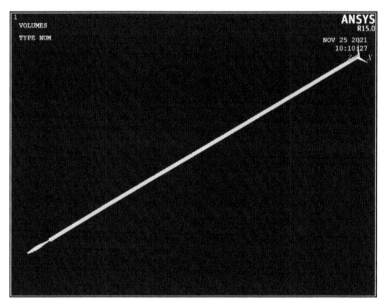

图 7-23　创建的体整体图

7.2.3　划分网格

（1）在 ANSYS "Main Menu" 菜单中依次选取 "Preprocessor" /
"Meshing" / "MeshTool"，弹出网格划分功能对话框，如图 7-24 所示。依次选取
"Size Controls" 中 "Lines" 中的 "Set"，弹出以线来控制单元尺寸选取对话框，
选取要分割的线，然后单击 "Apply" 按钮，打开单元尺寸对话框，如图 7-25 所

示。在单元分割等分文本框中输入相应的等分数，然后再单击"Apply"按钮。直到所有的线都被分割完为止，最后单击"OK"按钮。将弹头三部分从左至右轴向划分为 11、7、19 等份，径向划分为 15 等份；压杆轴向划分为 250 等份，径向划分为 15 等份；试样 1、试样 2 的轴向和径向都划分为 30 等份，具体划分过程如图 7-26~图 7-31 所示。

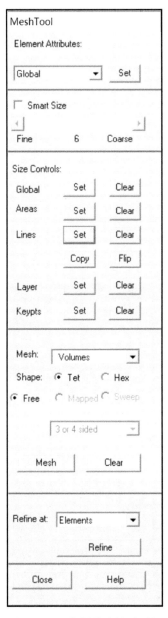

图 7-24 网格划分功能对话框

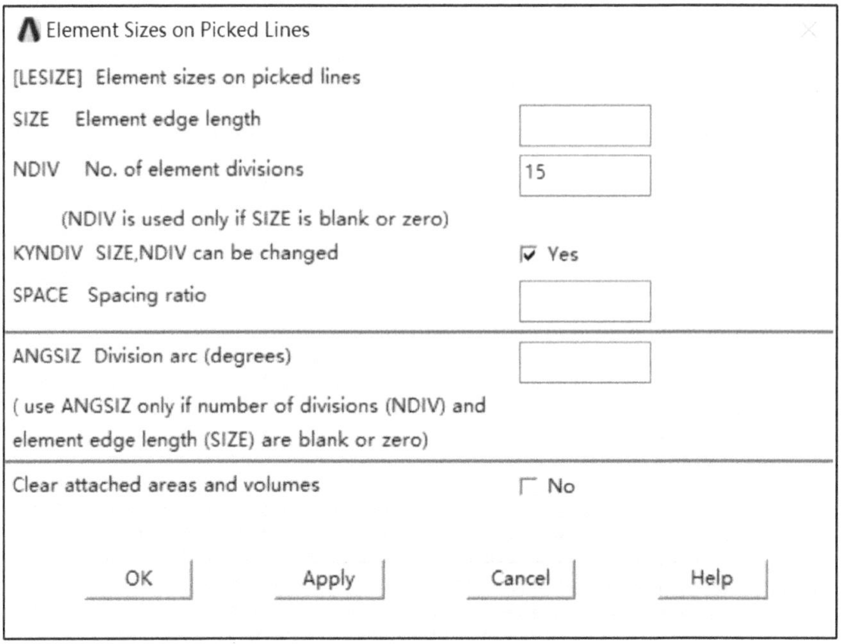

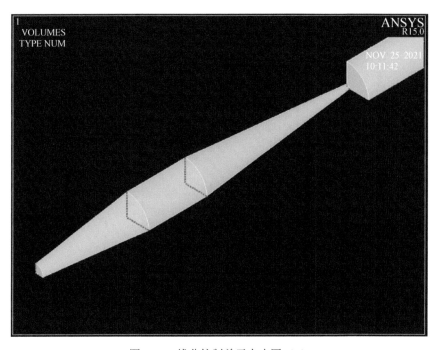

图 7-25　单元尺寸对话框

图 7-26　线分控制单元大小图（1）

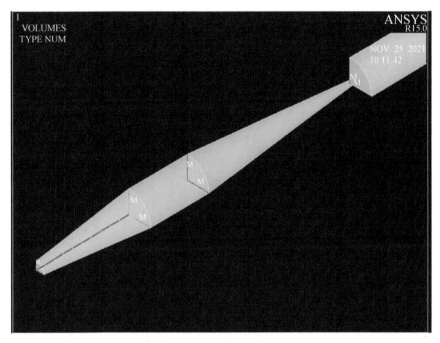

图 7-27 线分控制单元大小图（2）

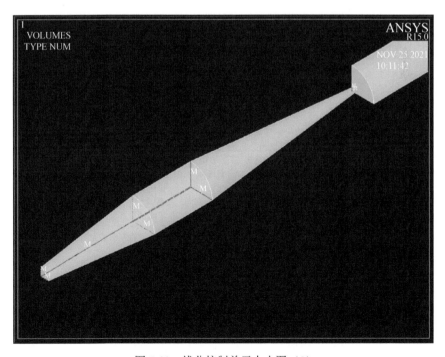

图 7-28 线分控制单元大小图（3）

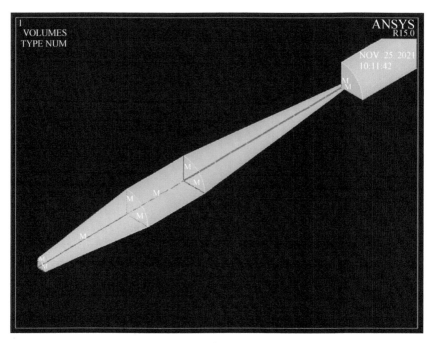

图 7-29 线分控制单元大小图（4）

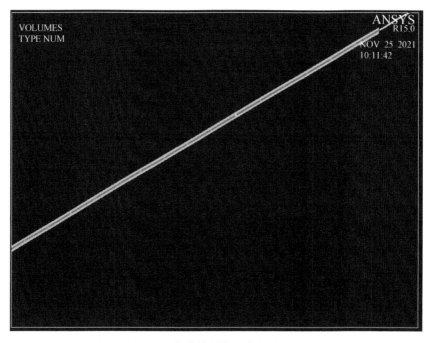

图 7-30 线分控制单元大小图（5）

VOLUMES
TYPE NUM
ANSYS
R15.0
NOV 25 2021
10:11:42

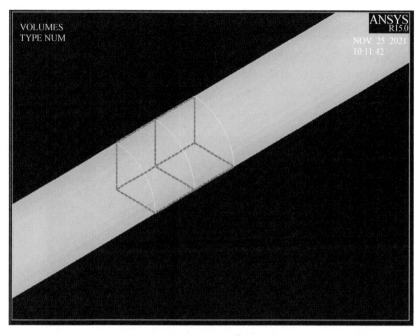

图 7-31 线分控制单元大小图（6）

（2）依次选取“Preprocessor”/“Meshing”/“MeshTool”/“Element Attributes”/“Set”，在弹出的“Meshing Attributes”对话框中，在“Material number”一栏选取“1”（单元类型、材料和实常数），如图 7-32 所示，然后点击“OK”按钮。

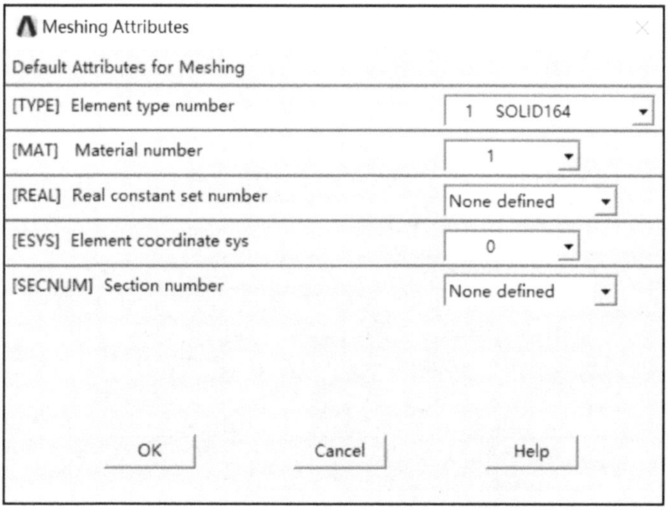

Meshing Attributes
Default Attributes for Meshing
[TYPE] Element type number
1 SOLID164
[MAT] Material number
1
[REAL] Real constant set number
None defined
[ESYS] Element coordinate sys
0
[SECNUM] Section number
None defined
OK
Cancel
Help

图 7-32 地层单元属性设置对话框

（3）用拾取箭头拾取起弹头的三个部分，然后点击"Apply"，如图 7-33 所示。得到的弹头网格划分如图 7-34 所示。

（4）依次选取"Preprocessor"/"Meshing"/"MeshTool"/"Element Attributes"/"Set"，在弹出的"Meshing Attributes"对话框中，在"Material number"一栏选取"2"（单元类型、材料和实常数），如图 7-35 所示，然后点击"OK"按钮。

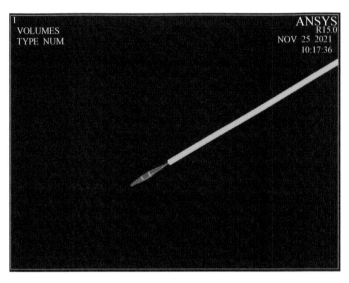

图 7-33　弹头网格划分拾取示意图

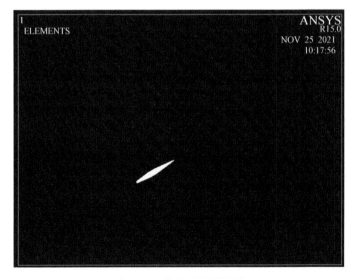

图 7-34　弹头网格划分图

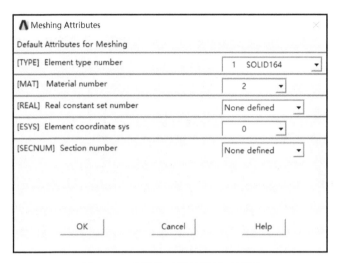

图 7-35　地层单元属性设置对话框

（5）用拾取箭头拾取入射杆，点击"Apply"。

（6）重复（4）、（5）两步骤，将属性"3"设置至试样1，属性"4"设置至试样2，属性"5"设置至透射杆，并分别进行网格划分，最终得到的 SHPB 试验装置网格划分图如图 7-36 所示。

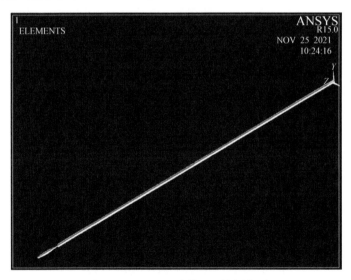

图 7-36　SHPB 试验装置网格划分图

7.2.4　创建 Part

在 ANSYS "Main Menu" 菜单中依次选取 "Preprocessor" / "LS-DYNA

Options"／"Parts Options"，弹出"Parts Data Written for LS-DYNA"对话框，如图 7-37 所示。选择"Create all parts"，单击"OK"，可将 SHPB 试验装置划分为弹头、入射杆、试样 1、试样 2、透射杆 5 个 Parts，如图 7-38 所示。

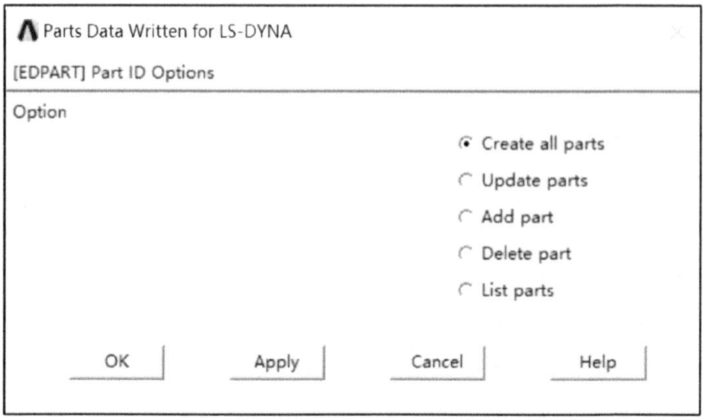

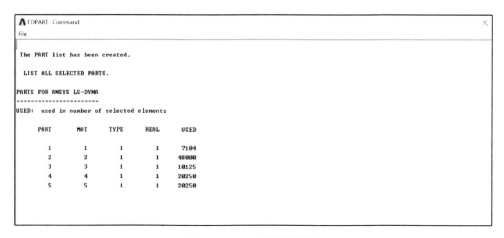

图 7-37　　"Parts Data Written for LS-DYNA"对话框

图 7-38　Parts 设置示意图

7.2.5　定义接触与约束

（1）在 ANSYS"Main Menu"菜单中依次选取"Preprocessor"／"LS-DYNA Options"／"Contact"／"Define Contact"，弹出接触控制对话框，在"Contact Type"一栏分别选取"Surface to Surf"和"Automatic（ASTS）"，设置为自动面对面接触，如图 7-39 所示。在弹出的接触定义对话框里由上至下分别设置为"1"和"2"，如图 7-40 所示。后续接触设置在 LSPP 软件中进行。

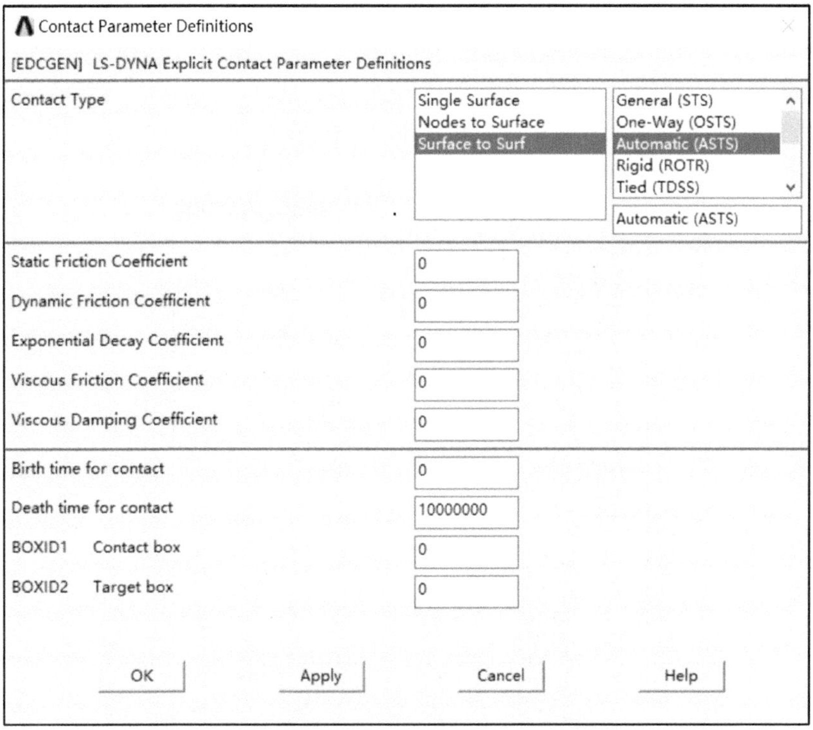

图 7-39 接触控制对话框

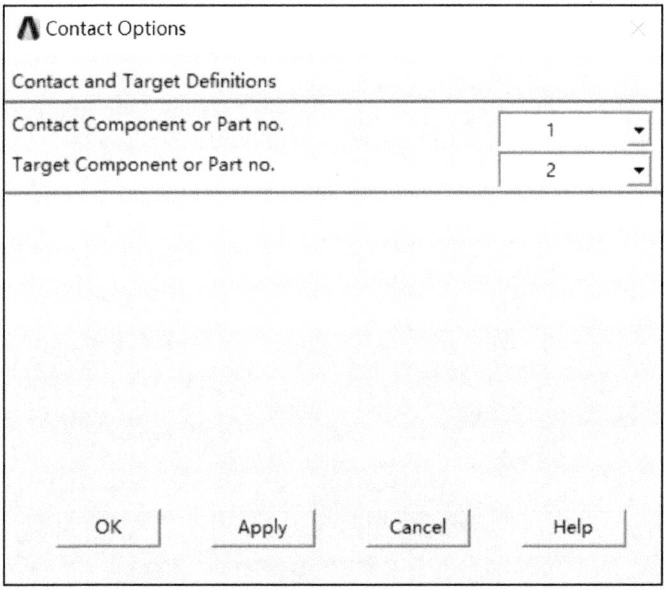

图 7-40 接触定义对话框

（2）依次选取"Preprocessor"／"LS-DYNA Options"／"Constraints"／"On Areas"，弹出约束施加对话框，如图 7-41 所示。选中所有和 X 轴垂直的面，如图 7-42 所示，点击"OK"，弹出"Apply U, ROT on Areas"对话框，选择"UX"后，在"VALUE Displacement value"栏填入"0"，点击"OK"，如图7-43 所示。

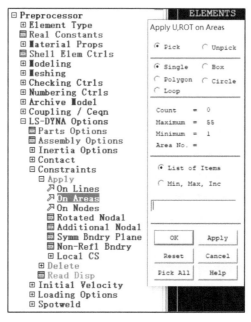

图 7-41　约束施加对话框

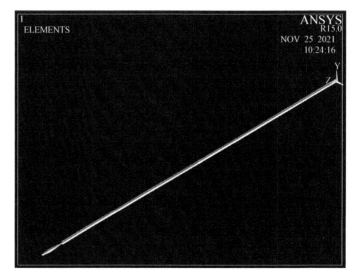

图 7-42　拾取所有与 X 轴垂直的面

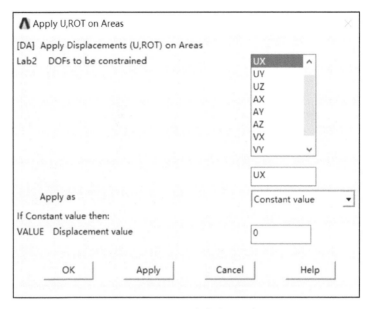

图 7-43　设定约束条件对话框

（3）依次选取"Preprocessor"／"LS－DYNA Options"／"Constraints"／"On Areas"，弹出约束施加对话框。选中所有和 Y 轴垂直的面，如图 7-44 所示，点击"OK"，弹出"Apply U，ROT on Areas"对话框，选择"UY"后，在"VALUE Displacement value"栏填入"0"，点击"OK"，如图 7-45 所示。

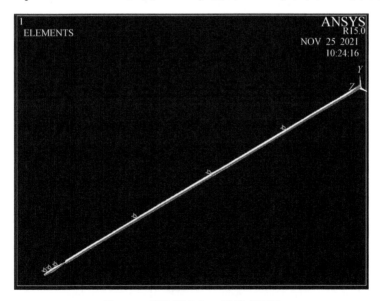

图 7-44　拾取所有与 Y 轴垂直的面

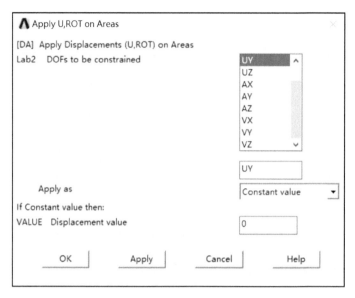

图 7-45   设定约束条件对话框

7.2.6   设定加载参数

（1）设置子弹初速度。在 ANSYS "Main Menu" 菜单中依次选取 "Preprocessor" / "LS-DYNA Options" / "Initial Velocity" / "On Parts" / "w/ Axial Rotate"，弹出 "GenerateVelocity" 对话框，设置 "VZ" 参数为 "-6"，如图 7-46 所示，即给弹头设置一个方向为负，速度为 6m/s 的初速度，这里要注意正方向的选取。

（2）设置沙漏。依次选取 "Solution" / "Analysis Options" / "Energy Options"，弹出 "Energy Options" 对话框，将四个选项全部设置为 "On"，点击 "OK" 确定，如图 7-47 所示。

（3）设置黏性系数。依次选取 "Solution" / "Analysis Options" / "Bulk Viscosity"，弹出 "Bulk Viscosity" 对话框，将 "Quadratic Viscosity Coefficient" 对应的值设定为 "1"，点击 "OK" 确定，如图 7-48 所示。

（4）设置计算时间。依次选取 "Solution" / "Analysis Options" / "Solution Time"，弹出 "Solution Time for LS-DYNA Explicit" 对话框，由实体试验中的经验值，设置计算时间为 "0.001"，点击 "OK" 确定，如图 7-49 所示。

（5）设置输出文件类型。依次选取 "Solution" / "Output Controls" / "Output File Types"，弹出 "Specify Output File Types for LS-DYNA Solver" 对话框，"File options" 设置为 "Add"，"Produce output for..." 设置为 "LS-DYNA"，即设定输出 LS-DYNA 文件类型，点击 "OK" 确定，如图 7-50 所示。

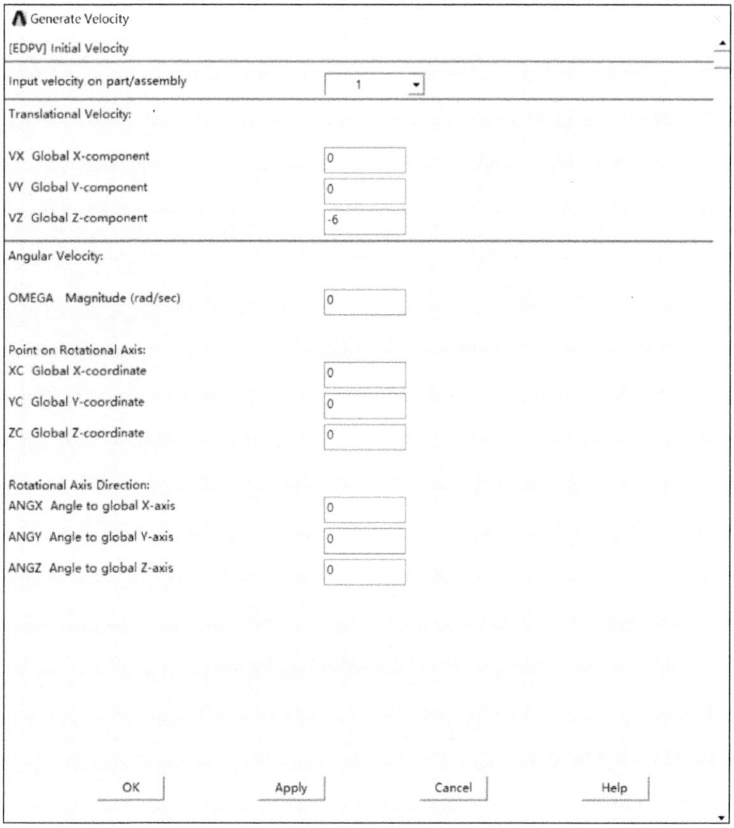

图 7-46　初速度设定

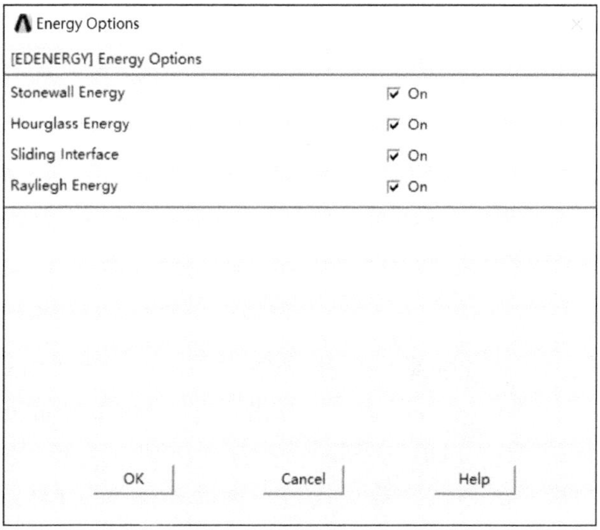

图 7-47　沙漏设置对话框

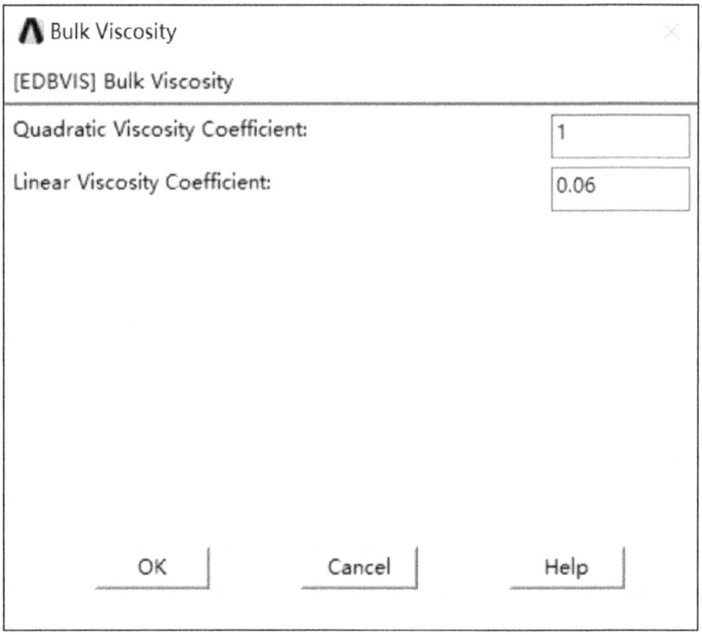

图 7-48　黏性系数设置对话框

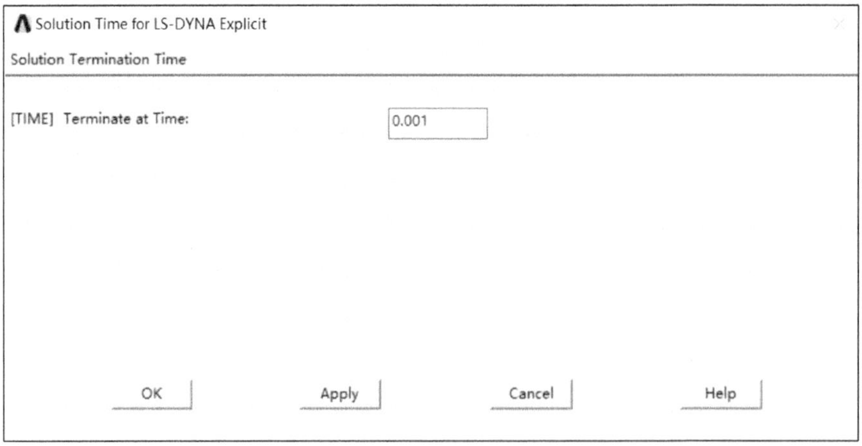

图 7-49　计算时间设置对话框

（6）设置文件输出频率。依次选取"Solution"/"Output Controls"/
"File Output Freq"/"Time Step Size"，弹出"Specify File Output Frequency"对
话框，在"EDRST"和"EDHTIME"设置为"1e-6"，点击"OK"后会出现
报错框，点击"OK"后继续完成后面，后续设置将会在 LSPP 上进行。如图
7-51 所示。

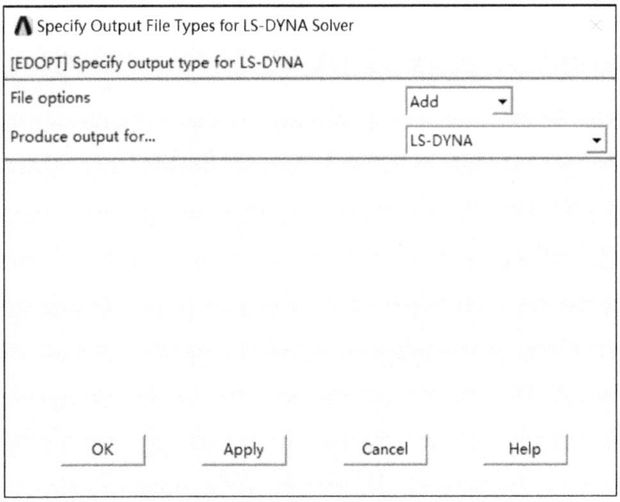

图 7-50　设置输出文件类型对话框

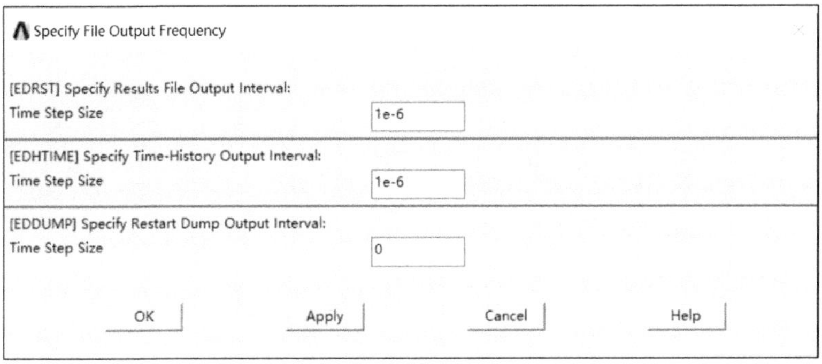

图 7-51　设置文件输出频率对话框

（7）输出 k 文件。依次点击"Solution"／"Write Jobname, k"，在"Write results files for..."选择"LS-DYNA"，在"Write input files to..."输入文件名"SHPB.k"，点击"OK"输出 k 文件，如图 7-52 所示。

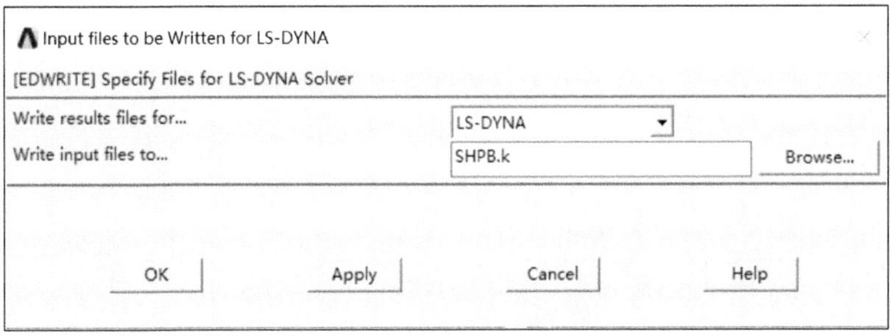

图 7-52　输出 k 文件对话框

（8）等待输出完成后，点击右上角关闭按钮，选择"Save Geom+Loads"后点击"OK"保存退出。至此 ANSYS 上初步处理步骤已经全部完成。

7.3　LS-DYNA 参数设置

7.3.1　软件初步介绍

（1）软件界面调整。点击 F11 可以调节软件界面，新版和经典版分别如图7-53、图 7-54 所示。为了方便操作选择经典版界面。

图 7-53　LSPP 新版界面

（2）操作框介绍。下部操作框如图 7-55 所示，其中较为常用的是"Off"点击可切换长按"Shift"或者"Ctrl"状态；"Mesh"选择网格线视图；"Home"选择返回原有固定视角。右侧操作框如图 7-56 所示，其中第 1 页为后处理常用的选项操作栏，第 3 页为前处理常用的选项操作栏，"＊Mat"为材料属性定义关键字；"＊Contact"为接触定义关键字；其余关键字在后面步骤中介绍。

（3）鼠标操控介绍。在点击"Off"后的"Shift"状态下，鼠标左键可以旋转视角，鼠标中轴可以平移视角，鼠标右键可以放大/缩小视角；在"Off"状态下，鼠标左键可以用于选择单元组件。

图 7-54 LSPP 经典版界面

| Title | Off | Tims | Triad | Bcolr | Unode | Frin | Isos | Lcon | Acen | Zln | +10 | Rx | Deon | Spart | Top | Front | Right | Redw | Home |
| Hide | Shad | View | Wire | Feat | Edge | Grid | Mesh | Shrn | Pcen | Zout | // | Clp | All | Rpart | Bottm | Back | Left | Anim | Reset |

图 7-55 LSPP 下部操作框

*Airbag	*Dbase	*Mat
*Ale	*Define	*Node
Boundi	*Elem	*Param
Cnstrn	*Eos	*Part
Compr	Hrglas	Rgdwa
Contac	*Initial	Section
Contrc	Intgrtr	*Set
Def2R	*Intrfac	Termn
Dampir	*Load	*User

| 1 | 2 | 3 | 4 | 5 | 6 | 7 | D |

图 7-56 LSPP 右侧操作框

（4）打开 LS-PREPOST 软件（后称 LSPP），依次点击左上角"File"/
"Open"/"LS-DYNA Keyword File"，导入刚刚设置好的 k 文件，如图 7-57 所示。

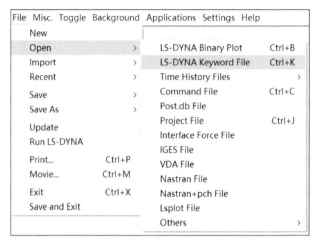

图 7-57　导入 k 文件

（5）颜色设置。在右侧操作栏第一页中点击"Color"关键字，得到颜色控制栏
如图 7-58 所示，可以选择颜色附加到单元上，也可在下侧控制栏里找到"Sky"
"Text""Ground"等，用于修改背景天空、文本颜色、背景地面等，如图 7-59 所示。

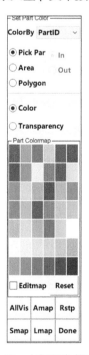

图 7-58　右侧颜色控制栏

R		100	⊙ Set	○ Show	Fringe	1 0.000 0.000 1.000
G		100	Backg	Text	Sky	2 0.000 0.444 1.000
B		100	Mesh	Label	Middle	3 0.000 0.889 1.000
			Hilite	Outline	Ground	4 0.000 1.000 0.667

图 7-59　下侧颜色控制栏

7.3.2　模型参数设定

（1）压杆设定模型物理性质参数。依次点击第 3 页中的"＊Mat"/"Model"下拉框/"All"/"Name"下拉框/"Type"，得到如图 7-60 所示的所有本构模型。选择"001-ELASTIC"设定压杆物理参数，在"MID"中填入"2"；"RO"中填入"7800"；在"E"中填入"240E9"；在"PR"中填入"0.3"，其他参数保持不变，点击"Accept"保存。其中"MID"代表试验系统中的 PART 号，其余分别代表了密度、弹性模量、泊松比，我们即设置好了入射杆的物理性质参数。接着点击"Add"添加透射杆的物理参数，将"MID"设置为"3"其他参数与入射杆一致，点击"Accept"保存后点击"Down"关闭窗口，如图 7-61 所示。

```
Keyword *MAT
Transfer From MatDI
Edit  RefBy  Done
GroupBy  All
Sort Typ ∨  All ∨
000-ADD_EROSIO
000-ADD_PERMEA
000-ADD_PORE_A
000-ADD_THERM
000-NONLOCAL
001-ELASTIC
001_FLUID-ELAST
002-ORTHOTROP
002_ANIS-ANISO
003-PLASTIC_KIN
004-ELASTIC_PLA
005-SOIL_AND_FO
006-VISCOELASTI
007-BLATZ-KO_R
008-HIGH_EXPLO
009-NULL
010-ELASTIC_PLA
010_SPALL-ELAST
011-STEINBERG
011_LUND-STEINI
012-ISOTROPIC_E
013-ISOTROPIC_E
014-SOIL_AND_FO
015-JOHNSON_CO
016-PSEUDO TEN
```

图 7-60　本构模型列表

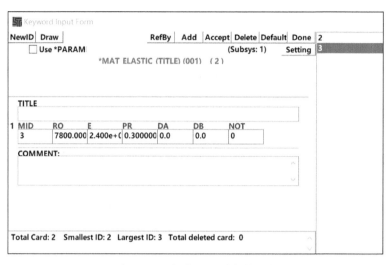

图 7-61   压杆物理性质参数设定

（2）弹头设定模型物理性质参数。在图 7-60 所示的本构模型列表中双击
"020-RIGID"，输入弹头的物理模型参数，和压杆一致，将其设定为刚体，点击
"Accept"接受后点击"Down"关闭窗口，如图 7-62 所示。

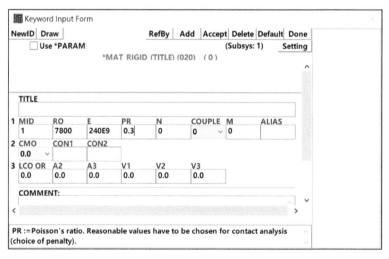

图 7-62   弹头物理性质参数设定

（3）试样设定模型物理性质参数。在图 7-60 所示的本构模型列表中双击
"111-JOHNSON_HOLMQUIST_CONCRETE"，即 HJC 本构模型，按研究背景中所
述的白砂岩和煤岩参数输入，并将其"MID"分别赋予"4"和"5"，点击
"Accept"接受后点击"Down"关闭窗口，如图 7-63、图 7-64 所示。

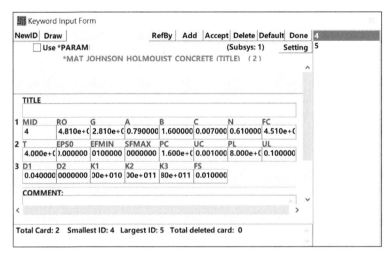

图 7-63　白砂岩物理性质参数设定

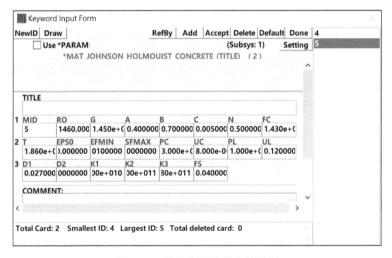

图 7-64　煤岩物理性质参数设定

（4）设定试样侵蚀关键字参数。在图 7-65 所示的本构模型列表中双击"000-ADD_EROSION"，此关键字第二行为侵蚀控制参数，在"MID"输入"4"，在"EXCL"输入"1"，这个参数代表在第二行与其相同的参数不被考虑。考虑到参考文献中研究表明，采用主应力和主应变联合控制的侵蚀参数可以达到较好的效果。将"MNPRES"设置为"−3.800e+006"（这里正为压、负为拉），将"MXEPS"参数设置为"0.2"，其余第二行参数都设置为"1"，如图 7-66 所示。侵蚀参数的选定源自预先试验加载过程中，根据实际情况和模拟破裂情况的比对而选定，此处略去此过程。点击"Accept"接受，接着点击"Add"对试样 2 添加侵蚀控制参数。在 "MID" 输入 "5"，在 "EXCL" 输入 "2"，将 "MNPRES" 设置为 "-3.800e+005"（这里正为压、负为拉），将 "MXEPS" 参数设置为 "0.15"，其余第二行参数都设置为 "1"，如图 7-66 所示，点击 "Accept" 接受后点击 "Down" 关闭窗口。需要注意的是，此过程应是在不断试验的过程中确定，这里为了方便统一设定故提前设定，在模拟过程中需要根据实际情况慢慢调整以确定侵蚀参数。至此，试验模型的所有物理参数设定完毕。

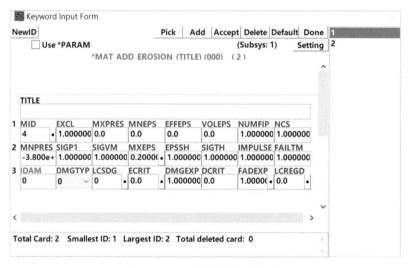

图 7-65　白砂岩侵蚀参数设定

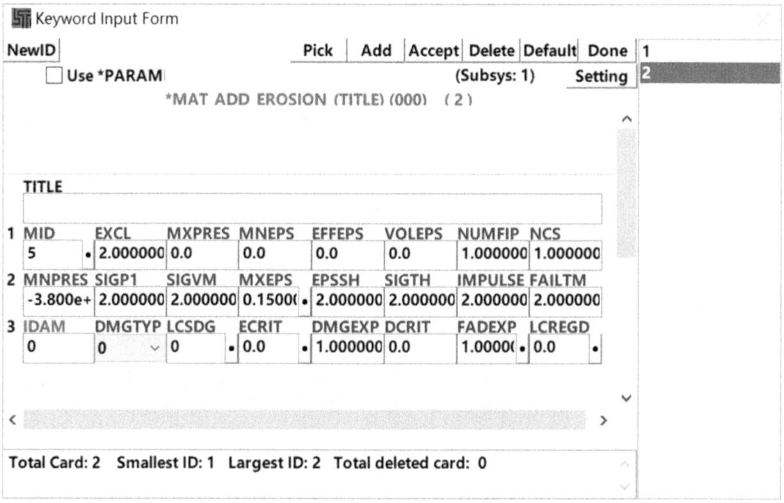

图 7-66　煤岩侵蚀参数设定

7.3.3 设定无反射边界

（1）点击右上角第五页的"SetD"，出现如图7-67所示的"Set Data"对话框，可点击"＊SET_NODE"下拉框选择需要切换的设定选项。点击"Create"，在"Off"情况下点击下侧框中的"Area"，选定透射杆最底面上的所有节点，如图7-68所示，点击右侧框的"Apply"确定。

图7-67 "Set Data"对话框

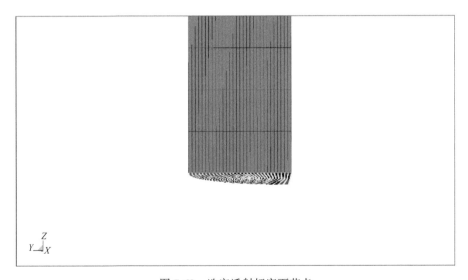

图7-68 选定透射杆底面节点

（2）点击"＊SET_NODE"下拉框选择"＊SET_SEGM"，点击"Create"，在"Off"情况下点击下侧框中的"Area"，选定透射杆最底面上的所有面，如图7-69所示，点击右侧框的"Apply"确定。

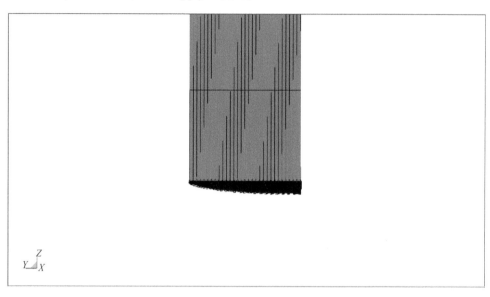

图 7-69　选定透射杆底面

（3）依次点击右侧第三页上的"＊Boundary"／"All"／"NON ＿REFLECTING"／"Edit"，在弹出框中点击"SSID"右侧小点，选择"1"，如图7-70所示，点击上侧的"Apply"确定，即设定了透射杆的无反射边界。

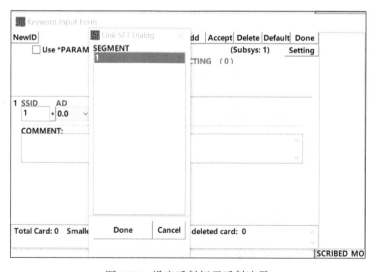

图 7-70　设定透射杆无反射边界

（4）依次点击右侧第三页上的"＊Boundary"/"All"/"SPC_SET"/"Edit"，在弹出框中点击"Add"，单击"NSID"右侧圆点选择"5"，点击"DOFZ"下拉框设置为"1"，即为开启透射杆底部固定 Z 方向的位移约束，如图 7-71 所示，点击上侧的"Apply"确定，即可模拟缓冲杆的作用，控制透射杆吸收所有传递的能量。至此，针对透射杆无反射边界的设定便已全部完成。

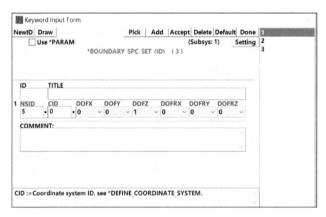

图 7-71　固定透射杆位移

7.3.4　设定模型接触

（1）依次点击第三页右上角的"＊Contact"/"All"/"AUTOMATIC SURFACE TO SURFACE"，我们将弹头和压杆之间、试样 1 与试样 2 之间设定为自动面对面接触，以模拟真实情况。在"SSID"与"MSID"中输入"1"和"2"，在"SSTYP"与"MSTYP"下拉框都选择为"3"，如图 7-72 所示，点击"Accept"确定。点击"Add"，在"SSID"与"MSID"中输入"4"和"5"，在"SSTYP"与"MSTYP"下拉框都选择为"3"，点击"Accept"确定。

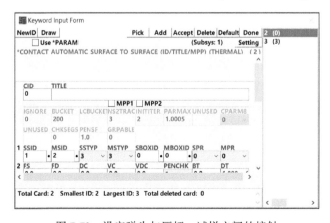

图 7-72　设定弹头与压杆、试样之间的接触

（2）针对试样与压杆之间的接触，一般的单层岩石件需选择"ERODING_
SURFACE_TO_SURFACE"定义接触，可以最大限度地表征加载过程中的侵蚀过
程，但缺点是如果材料之间性质相差过大的话，会出现初始穿透，造成数据不准
确，因此这里也可以使用"AUTOMATIC SURFACE TO SURFACE"来设定他们之
间的接触，两者之间各有优劣，需要通过各自得到的结果比对去选择更适合的接
触方式。这里我们演示第二种方法，可以减少参数的设定量与计算量。依次点击
"AUTOMATIC_ONE_WAY_SURFACE_TO_SURFACE"／"Edit"，在"SSID"与
"MSID"中输入"2"和"4"，在"SSTYP"与"MSTYP"下拉框都选择为
"3"。点击"Accept"确定。点击"Add"，在"SSID"与"MSID"中输入"3"
和"5"，在"SSTYP"与"MSTYP"下拉框都选择为"3"，点击"Accept"确
定，如图 7-73 所示。

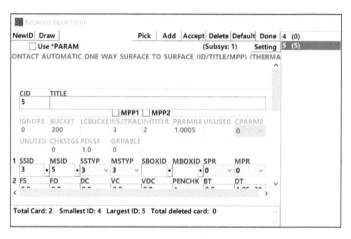

图 7-73　设定压杆与试样之间的接触

（3）至此，我们设定了所有应有的接触，我们需要删除多余的接触。点击
"＊Contact"关键字框里的"＊AUTOMATIC_GENERAL"，点击"Delete"删除
此接触，并点击"Done"确定。

（4）设定接触参数。依次点击第五页右上角的"＊Control"／"All"／
"CONTACT"，将"SLSFAC"参数设定为"1.2"，点击"Accept"确定，如图
7-74 所示。这里是使用惩罚函数算法来减少沙漏效应，并将接触刚度惩罚函数因
子（f）的值设置为 1.2。

7.3.5　设定其他参数

（1）取消原有 ANSYS 针对试样参数设定的影响。依次点击右上侧第三页的
"Eos"／"＊GRUNEISEN"／"Edit"，点击"Delete"删除此接触，并点击
"Done"确定，同样切换至"5"也进行删除。这是由于在 ANSYS 中选定本构模

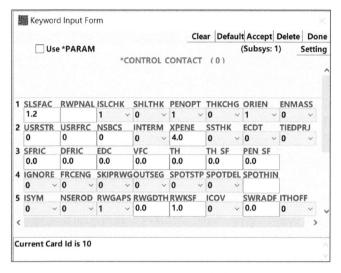

图 7-74　设定接触参数

型时，自动生成的其他因素干扰，因此需要手动删除。

（2）取消原有 ANSYS 针对 PART 设定的影响。依次点击右上侧第三页的"Part"／"PART"／"Edit"，在右侧选择 PART4 和 PART5，将"EOSID"框的数字归零，点击"Accept"接受，去除对"PART"设定的干扰。

（3）设定计算步长参数。依次点击右上侧第三页的"Control"／"TIMESTEP"／"Edit"，将"TSSFAC"设置为"0.5"，这个数值越小计算便越稳定，会减少出现畸变的情况；将"DT2MS"设置为"−1.3e-7"，如图 7-75 所

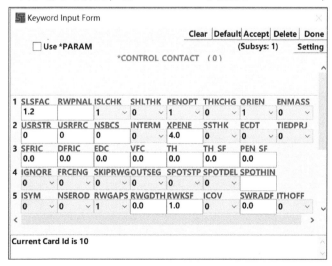

图 7-75　设定时间步长参数

示，这个数值可以减少运算时长，需要注意的是，它控制的是运算过程中的质量缩放，为了确保模型的准确性，需要确保此参数造成的质量缩放小于5%，具体查看方法为查看 LS-DYNA 运行生成的 messag 文件，查看如图 7-76 所示的代码，确保其小于5%。此处省略了测试的过程。

```
calculation with mass scaling for minimum dt
    added mass   =   8.6023E-01
    physical mass=   1.9898E+01
    ratio        =   4.3231E-02
```

图 7-76　messag 文件代码查看质量缩放

（4）保存修改后的 k 文件，点击 "Ctrl+S" 保存，可覆盖原文件。

7.4　LS-DYNA 运行

LS-DYNA 界面如图 7-77 所示，点击左上角红圈位置的小图标，出现加载对话框，点击 "Input File I" 右侧的 "Browse" 按钮键入刚刚的 k 文件；点击 "Output Print File O" 右侧的 "Browse" 按钮键入输出加载数据的文件；点击 "NCPU" 选择 "8" 核加载，这里因电脑而异，如图 7-78 所示。点击 "RUN" 开始运行。

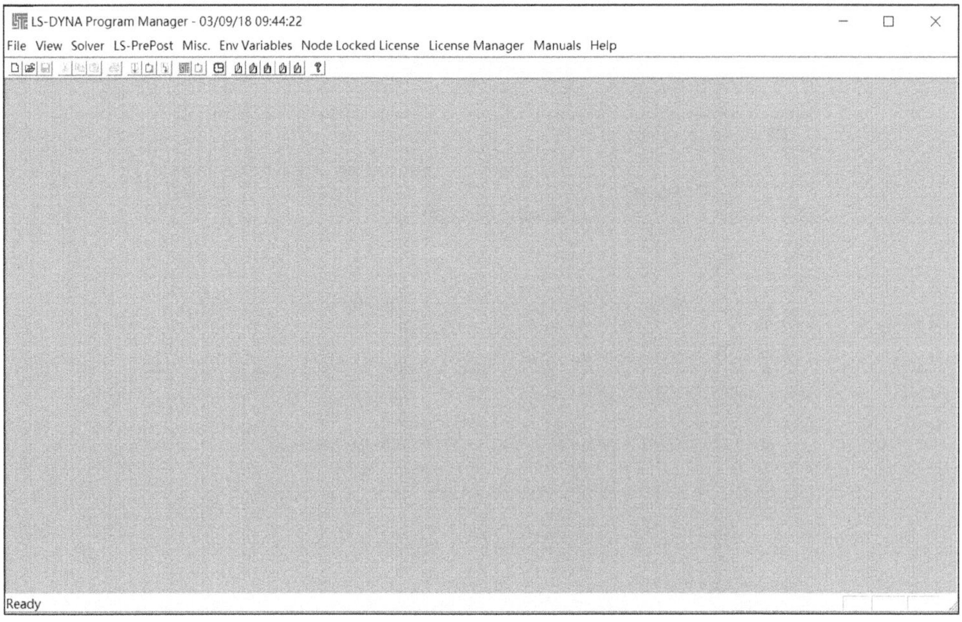

图 7-77　LS-DYNA 主页面

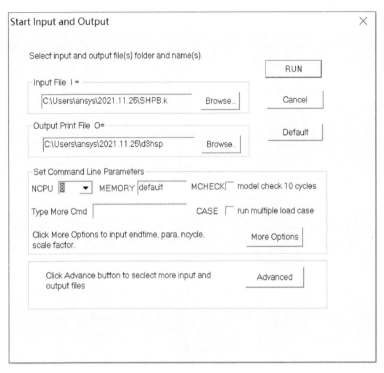

图 7-78　加载设置页面

7.5　LS-PREPOST 后处理

7.5.1　动态演变过程观察

（1）打开 LS-PREPOST 软件（后称 LSPP），依次点击左上角"File"/
"Open"/"LS-DYNA Binary Plot"，导入刚刚设置加载后的 d3plot 文件，如图
7-79 所示。

（2）在下侧的观察控制框里，可以选择播放，暂停等动作。点击右侧控制
栏里第一页的"State"，如图 7-80 所示，可以选择逐帧观察演化过程。

（3）点击右侧控制栏里第一页的"Selpar"，如图 7-81 所示，可以用于选择
只观察某个或多个 PART。

（4）点击右侧控制栏里第一页的"SPlane"，如图 7-82 所示，可以用来观察
纵切面上的演化过程，其中"X:"、"Y:"、"Z:"分别代表轴心所在的坐标；
"NormX"、"NormY"、"NormZ"分别代表以 X、Y、Z 为轴进行切割，设置好参
数之后可以点击"Cut"完成视图的转变。（3）、（4）可以共同利用用于观察，
如图 7-83 所示，为沿 Z 轴纵切后观察到的破裂示意图。

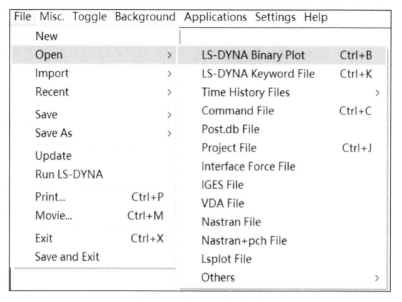

图 7-79　导入加载后文件

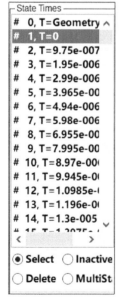

图 7-80　逐帧观察控制台

图 7-81　单元选择控制台

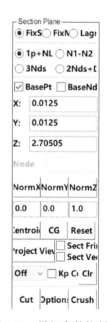

图 7-82　纵切参数控制台

　　（5）点击右侧控制栏里第一页的"Fcomp"，如图 7-84 所示，可以用来观察云图，可以根据需要选择不同的云图观察规律。如图 7-85 所示，为选择"pressure"下的云图演化规律。图 7-86 为结合（3）得到的试样云图。

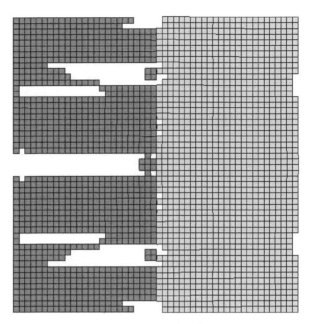

图 7-83 纵切观察示例图

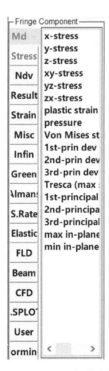

图 7-84 云图选择控制台

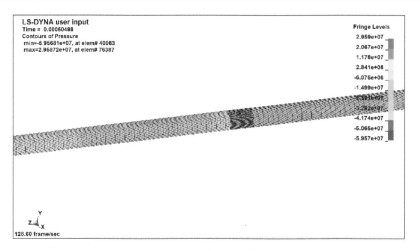

图 7-85　压力云图示例图

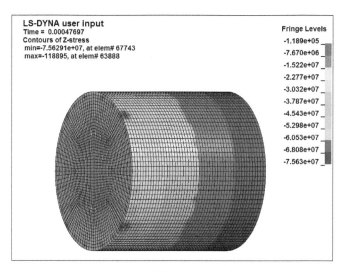

图 7-86　试样压力云图示意图

7.5.2　破坏数据提取

（1）点击右侧控制栏里第一页的"History"，如图 7-87 所示，可以用来观察单个单元的应力应变曲线或者能量曲线。其中图 7-88 为选择"Element"情况下，观察应变曲线，选取两个沿试样对称的单元后，点击"Plot"得到的曲线。图 7-89 为选取"Glabal"后整个试样的整体能量变化曲线。

（2）得到变化曲线可以点击右下角"Save"，设定输出文件名和文件夹后输出文件（一般为 TXT 格式），可导入至其他文件进行绘图和参数提取。

图 7-87 试样数据提取台

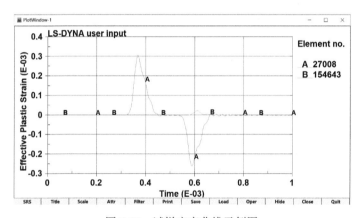

图 7-88 试样应变曲线示例图

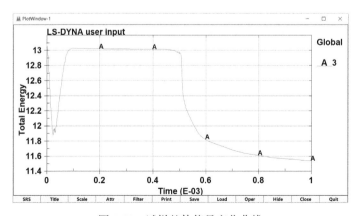

图 7-89 试样整体能量变化曲线

8　多孔类岩石材料 SHPB 数值模拟研究

在科技日益发展的今天，科学研究领域主要以理论分析、试验研究和数值模拟等多种研究手段相结合。其中，数值模拟凭借其较低的试验成本、优良的试验方式，已被众多科研人员广泛运用。

高应变率下的冲击试验具有试验成本高，数据采集困难，操作性差，可重复性不足等诸多问题。利用数值模拟，可以实现在高速冲击下材料结构的受力、破坏过程进行高精度的仿真分析。本章利用有限元软件 ANSYS/LS-DYNA 对泡沫混凝土材料进行 SHPB 数值模拟，分析材料的冲击破坏过程及变形特征，进一步揭示泡沫混凝土的动态力学特性。研究可为泡沫混凝土材料 SHPB 试验数值分析提供参考。

8.1　有限元模型建立

8.1.1　单元选择

在本章有限元分析过程中，采用 SOLID164 单元来模拟 SHPB 的压杆和试样。SOLID164 单元用于实体结构的 3D 建模，该单元由八个节点定义，每个节点具有以下自由度：x、y 和 z 方向的平移、速度和加速度，如图 8-1 所示描述了 solid164 单元的几何图形、节点位置和坐标系。

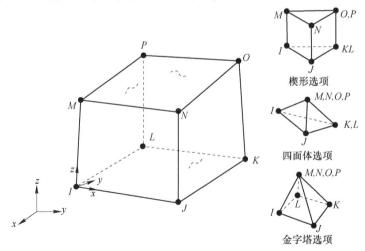

图 8-1　SOLID164 单元特性

采用本实体单元需要对模型进行沙漏控制，有效避免零能模式，沙漏现象如图 8-2 所示。实体单元算法有两种：（1）KEYOPT(1)=1，缺省算法，采用单点积分和沙漏控制。它能节省机时并在大变形条件下增加可靠性。（2）KEYOPT(1)=2，采用 2×2×2 多点高斯积分。它没有零能模式，不需要沙漏控制。在泡沫混凝土 SHPB 数值模拟中，我们设置单元的 KEYOPT(1)=1，采用单点积分和沙漏控制，避免后面由于模型的大变形而计算终止。

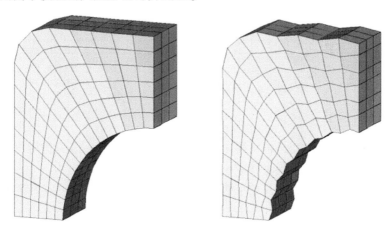

图 8-2　沙漏变形示意图

8.1.2　杆件及试样材料选择

对于 SHPB 的子弹、入射杆，透射杆等杆件，我们选择弹性各向同性材料对其进行模拟，参数设置与实际试验所使用的杆件一致，即密度为 $2.7×10^3 kg/m^3$，弹性模量为 70GPa，泊松比为 0.33。

对于泡沫混凝土试样，一般来说，需要准确模拟材料的动态破坏过程相当困难，材料本身的特殊性决定了主要影响因素，其次，试验条件、加载方式等也会对最后的结果产生重要的影响。目前，根据前人的研究成果，本节选择可压扁泡沫材料模型（＊MAT_Crushable_Foam）来对泡沫混凝土进行仿真模拟。该模型在 LS_DYNA 中的材料编号为 063，这是一个相对简单的强度模型，旨在表示冲击载荷条件（非循环载荷）下泡沫材料的压碎特性。模型主应力与体积应变行为的关系如图 8-3 所示。

假定弹性模量，则弹性模量被认为是常数，应力公式如下：

$$\sigma_{ij}^{n+1} = \sigma_{ij}^n + E\dot\varepsilon_{ij}^{n+1/2}\Delta t^{n+1/2} \tag{8-1}$$

式中，$\dot\varepsilon_{ij}$ 为应变率，E 为弹性模量，t 为时间。该模型包括一个拉伸应力截止值，该值定义了拉伸载荷下的破坏。对于低于拉伸截止值的应力，模型预测拉伸和压缩载荷之间的响应相似。重要的是，截止应力必须为非零值，以防止材料在

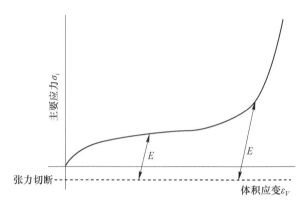

图 8-3　泡沫材料主应力与体积应变关系图

较小拉伸载荷下变形。

对于当前的体积应变，将所得主应力的大小与允许的主应力进行比较。如果主应力超过最大允许值，则将其减小到允许值。如果暂定主应力（用星号表示）超过最大允许主应力，则将其缩小到此极限。超过最大值的负主应力将缩小为极限的负值。

$$\text{if } \sigma_i^{*,\ n+1} \geqslant \sigma_i^{\text{compaction}}(\varepsilon_v) \text{ then } \sigma_i^{n+1} = \sigma_i^{\text{compaction}}(\varepsilon_v)\ \frac{\sigma_i^{*,\ n+1}}{|\sigma_i^{*,\ n+1}|} \qquad (8\text{-}2)$$

在减小主应力后，它们将转换回全局系统以提供最终的应力更新。注意，主应力返回到压实应力的返回是在每个主方向上独立执行的。压实曲线可以定义为分段线性主应力与体积应变曲线。体积应变定义为体积比的自然对数，其中 V_0 是原始体积，V 是当前体积。

$$\varepsilon_V = \ln\left(\frac{V_0}{V}\right) \qquad (8\text{-}3)$$

在拉应力方面，该模型还包括对最大允许主拉应力施加拉力截止值的可能性。如果拉伸应力超过该值，则保持在该值。该模型当前不能与其他错误属性一起使用。

多孔材料在减轻冲击和减轻冲击压力方面非常有效。该材料在相对较低的应力水平下会压实至其固体密度，但由于体积变化相对较大，因此不可逆地吸收了大量能量，从而通过延长波的时间并在压实更多材料时减小其振幅来减弱冲击。多孔泡沫材料包含被孔壁分隔的微观胞孔群。当受到应力时，初始弹性压缩被认为是由于孔壁的弹性屈曲，而塑性流动则归因于这些孔壁的塑性变形。具有低初始孔隙率的材料具有较少的胞孔和较厚的孔壁，使得引起胞孔和随后的孔壁变形的应力将更大。一旦发生了一些塑性流动，即使尚未达到完全压实的密度，卸载至零应力并重新加载至弹性极限也将具有弹性。

8.1.3 网格划分

首先在 ANSYS 前处理器中建立直径为 50mm 的霍普金森杆试验模型，即入射杆和透射杆均为圆柱体，长度为 2.5m，子弹长度为 0.2m，为纺锤形，试件长径比为 0.5，在入射杆端添加无反射边界来对透射能进行吸收。网格划分采用映射网格划分，控制压杆和试件的划分尺寸。对于子弹和压杆，径向划分均为 20份，轴向划分分别为 50 份、300 份。试件网格划分径向和轴向分别为 60 份、30份。其总体 SHPB 模型网格划分和各个部件模型网格划分如图 8-4~图 8-6 所示。

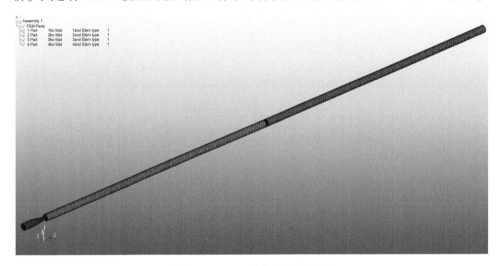

图 8-4　SHPB 总体有限元模型

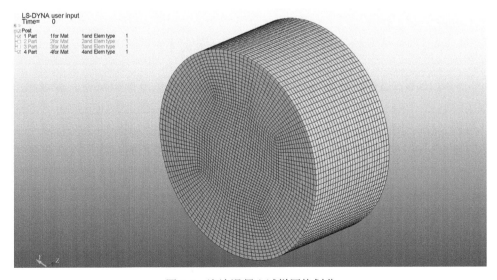

图 8-5　泡沫混凝土试样网格划分

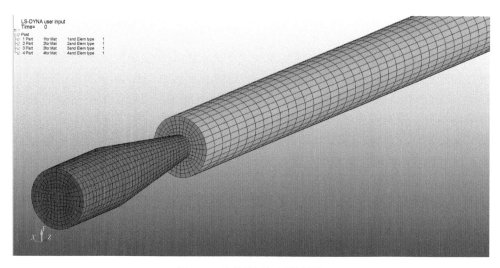

图 8-6　子弹及压杆网格划分

8.1.4　接触设置

在 SHPB 数值模拟试验系统中，子弹跟入射杆之间的接触方式设置为自动面面接触，在 LS-DYNA 中定义的关键字为 ∗ CONTACT_AUTOMATIC_SURFACE_TO_SURFACE，试件和入射杆、透射杆之间的接触采用侵蚀面接触的方式，在 LS-DYNA 中定义的关键字为 ∗ CONTACT_ERODING_SURFACE_TO_SURFACE，常用于接触表面实体单元失效贯穿，剩下单元还继续参与接触的物理问题中，并采用 MAT_ADD_EROSION 关键字添加材料失效准则。

8.2　数值模拟结果分析

利用 LS-DYNA 软件对泡沫混凝土试样进行 SHPB 数值模拟试验，验证第 6 章实际试验结果的可靠性及有效性，再现泡沫混凝土在霍普金森压杆冲击下的破坏过程，进一步揭示泡沫混凝土的动态力学特性。由于实际试验的条件有限，基于该模型，进一步分析泡沫混凝土材料在冲击荷载下的变形破坏特征及能量变化分析。外载荷作用于可变形固体的局部表面时，一开始只有那些直接受到外载荷作用的表面部分的介质质点因变形离开初始平衡位置。由于这部分介质质点与相邻介质质点发生了相对运动，必然将受到相邻介质质点所给予的作用力（应力），同时表面质点也给相邻介质质点以反作用力，因而使它们离开平衡位置而运动起来。由于介质质点的惯性，相邻介质质点的运动将滞后于表面介质质点的运动。依此类推，外载荷在表面上引起的扰动将在介质中逐渐由近及远传播出去。这种扰动在介质中由近及远的传播即是应力波。其中的扰动与未扰动的分界面称为波阵面，而扰动的传播速度称为波速。

8.2.1　应力波传播过程

图 8-7 是不同时刻应力波在压杆中的传播过程。从图中可直观地看出，在 $t=$ 0.00012s 时，子弹撞击入射杆，产生应力波，并向两侧传播，一方面，子弹中的应力波会反射回子弹自由断面，产生拉伸波，有卸载作用，导致子弹静止；另一方面，子弹产生的应力波在入射杆中传播。在 $t=0.00046s$ 时，应力波传播至试件，在试件的两端发生反射和透射，由于试件和压杆的波阻抗相差较大，产生的透射波较弱，透射现象不明显，透射波传至透射杆端被吸收。反射波经入射杆传至杆端，然后反射产生新的入射波，继续循环传播。从图中可看出，应力波只沿压杆轴向传播，满足应力波一维传播条件。同时，应力波在压杆反复传播，在试件内多次反射和透射，并很快趋于稳定，保持在一个较低的水平上，满足应力平衡。

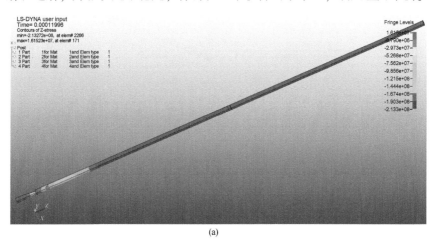

(a)

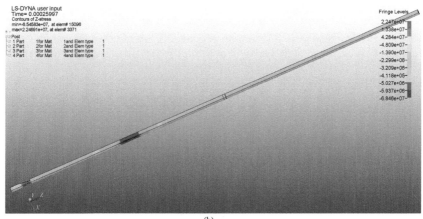

(b)

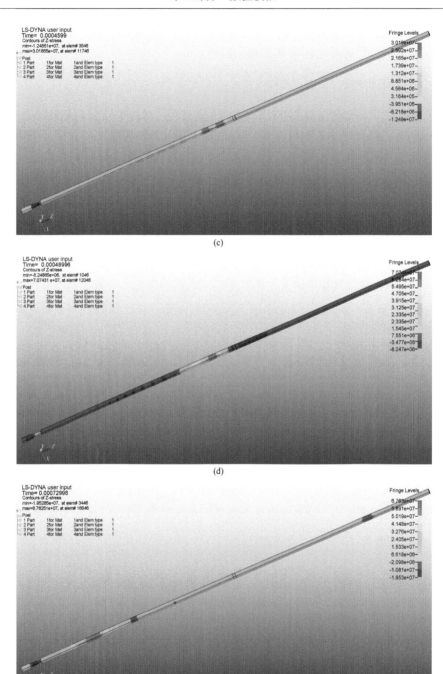

(c)

(d)

(e)

图 8-7　不同时刻的应力波传播过程

(a) $t = 0.00012\mathrm{s}$；(b) $t = 0.00026\mathrm{s}$；(c) $t = 0.00046\mathrm{s}$；

(d) $t = 0.00049\mathrm{s}$；(e) $t = 0.00073\mathrm{s}$

8.2.2 波形对比分析

图 8-8 是密度为 700kg/m³ 的泡沫混凝土试样在应变率为 130s⁻¹ 冲击下所得到的试验原始波形及数值模拟波形对比。从图中可看出，两者波形特征大致相同。入射波在 0~150μs 有一个上升平台，应力脉冲继续在入射杆中传播，在 $t=$ 500μs 左右时到达试样端部，产生反射波和透射波，且试验和模拟所得的透射波和反射波平台大致相同。图 8-8（a）试验所得的入射波和反射波具有轻微的震荡，而图 8-8（b）数值模拟中的波形震荡现象不明显，这说明在实际试验中的外界干扰因素较多，而由软件模拟的可以避免这些现象，从而验证了数值模型的有效性，可为后续做更为深入的研究。

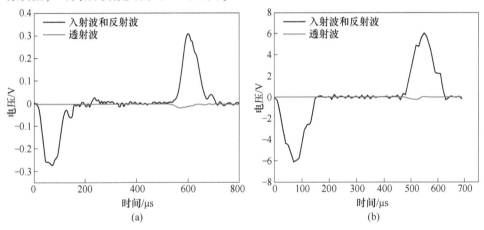

图 8-8 试验及数值模拟波形对比
（a）试验结果波形；（b）数值模拟结果波形

8.2.3 材料破坏过程分析

密度为 700kg/m³ 的泡沫混凝土试件在 SHPB 冲击试验下的破坏过程如图 8-9 和图 8-10 所示。图 8-9 为试件与入射杆端接触面（以下简称左端面）的破坏过程，图 8-10 为试件与透射杆端接触面（以下简称右端面）的破坏过程。在 SHPB 冲击试验中，试件被夹在入射杆和透射杆之间，应力波在 $t=500$μs 时传到试件与入射杆端接触面，试件左端面发生破裂，产生较多由中心向端部发散的微裂纹，而此时的右端面并未开始破坏，但在中心区域出现应力集中。随着加载继续，在 $t=800$μs 时，左端面裂纹沿着轴向逐渐贯穿试样，此时右端面的中心区域开裂。在 $t=1000$μs 时，左端面已经严重开裂，中心区域的单元已有部分删除，而右端面中心区域已和裂纹贯通，试件破裂成数块。继续加载，试件沿裂纹方向分裂成许多碎块并迅速从中心区域崩离，破坏形式以轴向方向的拉伸劈裂破坏为主。数值模拟只给出了泡沫混凝土试件的分裂过程及破坏形态，并未能观察到大量碎屑的飞出，这是因为有限元模拟的局限性，只能利用单元的杀死功能，飞出的碎屑单元已被杀死，在软件中并不能看到这些碎屑的形态。模拟结果与实际试验相似。

(a)　　　　　　　　　　　　　　　　　　(b)

(c)　　　　　　　　　　　　　　　　　　(d)

(e)　　　　　　　　　　　　　　　　　　(f)

图 8-9　试件与入射杆端接触面破坏过程（应变率为 $130s^{-1}$）

（a）$t=400\mu s$；（b）$t=500\mu s$；（c）$t=800\mu s$；（d）$t=1000\mu s$；（e）$t=4000\mu s$；（f）$t=9000\mu s$

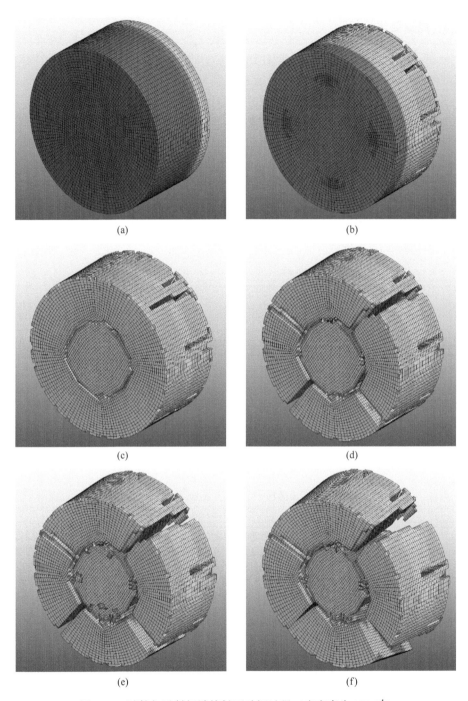

图 8-10　试件与透射杆端接触面破坏过程（应变率为 $130s^{-1}$）

（a）$t = 400\mu s$；（b）$t = 500\mu s$；（c）$t = 800\mu s$

（d）$t = 1000\mu s$；（e）$t = 4000\mu s$；（f）$t = 9000\mu s$

8.2.4　能量变化分析

　　三种不同密度的泡沫混凝土试样在速度为 10m/s 冲击下系统的总能量随时间变化曲线如图 8-11 所示。从图中可看出，在冲击开始时，子弹撞击入射杆，系统的总能量约为 375J。随着应力波在入射杆中传播，在 $t = 0.0005$s 时刻传至试样，试样产生应力集中，总能量发生突变，先急速下降到某一点，然后再上升。随着加载继续，试样开始破坏，系统总能量又急速下降到 $t = 0.001$s 时刻。此时，应力波已透过试样，发生反射和透射，系统总能量继续下降，下降速率较之前明显平缓。图中明显看出，密度为 700kg/m^3 的泡沫混凝土试样比其他两种密度试样的总能量下降量更大，下降速率更快，这说明密度越大的泡沫混凝土，在冲击过程中，能量损失速率和损失量更大，其破坏损伤程度更严重，这也从能量角度验证了损伤特征的准确性。

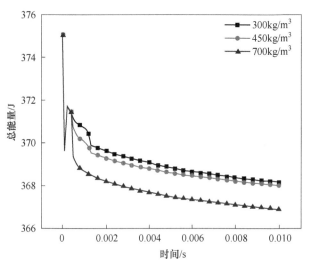

图 8-11　总能量随时间变化曲线

8.3　本章小结

　　本章利用有限元软件 ANSYS/LS-DYNA 对泡沫混凝土材料进行 SHPB 试验的数值模拟，基于实际室内试验条件，建立 SHPB 数值模型并进行网格划分，材料本构及参数设定，接触设置等，再现泡沫混凝土在 SHPB 冲击下的应力波传播和破坏过程，进一步揭示泡沫混凝土的动态力学特性。同时，通过对比实际试验的结果，验证其可靠性。主要结论如下：

　　（1）通过数值模拟能够很好地观察到应力波的传播过程。子弹撞击入射杆，产生应力波，应力波传播至试件，在试件的两端发生反射和透射，透射波传至透射杆端被吸收。反射波经入射杆传至杆端，然后反射产生新的入射波，继续循环传播。可以看出，应力波只沿压杆轴向传播，满足应力波一维传播条件。同时，应力波在压杆反复传播，在试件内多次反射和透射，并很快趋于稳定，满足应力平衡。

（2）通过对比实际试验所得的波形和数值模拟获得的波形，可以看出两者具有很好的相似性，曲线趋势基本一致，波形特征大致相同。试验所得的波形具有轻微的震荡，而数值模拟中的波形震荡现象不明显，这说明在实际试验中的外界干扰因素较多，而由软件模拟的可以避免这些现象，从而验证了数值模型的有效性。

（3）通过数值模拟再现泡沫混凝土在 SHPB 冲击下的破坏过程。应力波传到试件与入射杆端接触面，试件左端面发生破裂，产生较多由中心向端部发散的微裂纹，裂纹沿着轴向逐渐贯穿试样。试件沿裂纹方向分裂成许多碎块并迅速从中心区域崩离，破坏形式以轴向方向的拉伸劈裂破坏为主。

（4）SHPB 试验系统的总能量在试样破坏时发生突变，然后再逐渐下降。密度越大的泡沫混凝土，在冲击过程中，能量损失速率和损失量更大，其破坏损伤程度更严重，这也从能量角度验证了损伤特征的准确性。